本书得到国家社会科学基金重大项目“供应链视角下食品药品安全监管制度创新研究”（11&ZD052）的资助

经济管理学术文库·经济类

测算支付意愿与补偿意愿的差距

——以北京市居民购买转基因大豆油为例

Estimating the Disparities of WTP and WTA
—A Case Study on Beijing Residents' Consumption of the GM Soybean Oil

李腾飞／著

图书在版编目（CIP）数据

测算支付意愿与补偿意愿的差距/李腾飞著．—北京：经济管理出版社，2019.11
ISBN 978-7-5096-2591-0

Ⅰ.①测… Ⅱ.①李… Ⅲ.①食品安全—研究—中国 Ⅳ.①TS201.6

中国版本图书馆 CIP 数据核字(2019)第 244627 号

组稿编辑：申桂萍
责任编辑：申桂萍　刘　宏
责任印制：黄章平
责任校对：赵天宇

出版发行：经济管理出版社
（北京市海淀区北蜂窝 8 号中雅大厦 A 座 11 层　100038）
网　　址：www. E-mp. com. cn
电　　话：（010）51915602
印　　刷：北京晨旭印刷厂
经　　销：新华书店
开　　本：720mm×1000mm/16
印　　张：12
字　　数：190 千字
版　　次：2019 年 12 月第 1 版　　2019 年 12 月第 1 次印刷
书　　号：ISBN 978-7-5096-2591-0
定　　价：58.00 元

联系地址：北京阜外月坛北小街 2 号
电话：（010）68022974　　邮编：100836

前 言

食品安全是人最基本的生存基础，是关系国计民生的重大问题。消费者作为食品价格的接受者，其对食品安全的支付意愿和补偿意愿是监管执行过程中至关重要的因素，这是由于其不仅决定着食品安全监管的社会效益，而且影响和决定着整个食品安全监管的目标导向，是政府监管和企业生产决策及行为选择的主要依据。消费者对食品的支付意愿和补偿意愿是研究上述问题最重要的切入点，一直都是食品安全领域研究的热点之一。支付意愿和补偿意愿体现了消费者对某种商品的偏好程度及对该商品价值的认可程度，根据期望效用理论，支付意愿和补偿意愿是衡量消费者效用变化的两种不同方式，理论上二者的取值相等，但已有文献反复证实了二者之间不仅不一致，甚至还存在较大的差距。国外文献围绕这一问题进行了不同形式的理论分析和实证研究，但国内对这一问题的研究还较为薄弱，测算方法有待改善，特别是二者之间的差距到底有多大、导致的原因是什么、背后的政策含义有哪些等问题都需要进一步研究探讨。

与此同时，面对当前食品安全市场和政府“双失灵”的现实困境，如何让“看得见的手”和“看不见的手”协同起来共同提高监管效果和消费者满意度？怎样从消费者的角度转变监管思路？作为对食品安全负有主要责任的大型食品企业，为何频频出现行业危机？已有的声誉机制和资产专用性理论，已经很难有效解释近年来发生的几起重大食品安全事件，因此需要考虑的问题是：消费者在食品质量改善的推动过程中怎样才能有效发挥作用？通过消费者“用钱投票”的方式是否可以有效制约食品行业的道德风险行为？最后，频繁发生的食品安全事件，不仅导致了大量消费者遭受人身和财产损失，而且引发政府失信、社会矛盾激化，面对这一问题，应如何进行制度设计以维护消费者的生命健康安全？

在上述背景下，本书从前景理论出发，利用假设价值评估法设计了封闭式和开放式两套问卷，对北京市居民非转基因大豆油消费情况做了深入调查访谈。利用调查所得数据，借助赫克曼（Heckman）备择模型测算了消费者对非转基因大豆油的支付意愿和补偿意愿。在此基础上，探究了二者差距的影响因素和内在机理。最后，根据研究结论提出了相应的政策建议。具体而言，本书的研究可以分为以下七个部分。

第一章是导论，介绍了本书的选题背景、概念界定、研究目的、研究数据及创新等。本书从理论争议和现实困境出发，借助前景理论作为理论支撑，以转基因大豆油为研究对象，借助实证模型展开消费者支付意愿和补偿意愿的研究，在测算结果的基础上分析二者的差距及内在影响机制。

第二章是文献综述，从食品安全的经济分析、支付意愿和补偿意愿的研究进展、支付意愿和补偿意愿差距的机制等方面进行了文献的梳理和总结。由于消费者一直都是食品安全市场中非常重要的力量，因此围绕着消费者的支付意愿和补偿意愿出现了大量的研究成果。但通过对已有文献的梳理可以发现，现有消费者支付意愿和补偿意愿的文献在测量方法和理论依据方面存在一定的缺陷，特别是没能有效处理选择性偏误导致的样本偏差问题。

第三章重点分析了前景理论及其对消费行为的影响，并结合这一理论设计了封闭式问卷和开放式问卷两套调查问卷。已有研究消费者支付意愿和补偿意愿的理论，经历了计划行为理论、期望效用理论和前景理论的演变过程，前景理论与已有理论最重要的区别在于，其打破了期望效用理论的理性人假设，将个人的主观感知和价值感受等因素融入决策当中，更多地考虑了决策者的心理、情感等非理性因素。此外，前景理论还将行为人的决策分为编辑和评估两个过程，明确指出了行为人决策的特点所具有的损失规避和禀赋效应等特点。以这一理论为指导，本书在设计问卷时重点考虑了消费者对转基因食品的感知、信任、是否支持等心理因素，并根据 CVM 法分别设计了封闭式问卷和开放式问卷，调查总共获得 579 份有效问卷。

第四章主要研究了消费者对非转基因大豆油的支付意愿及其影响因素。在测算方法的选择方面，本书利用赫克曼备择模型展开了实证分析和支付意愿值的测算，这一模型的主要优点在于可以有效避免样本选择偏误导致测算不准的问题，利用逆米尔斯比率修正回归结果从而使测算的支付意愿值更加科学。研究发现，无论是封闭式问卷还是开放式问卷，都存在样本选择偏误问题，因此本研究利用赫克曼备择模型是必要的，通过利用逆米尔斯比率修正了研究中出现的样本选择偏误问题，从而提高了支付意愿值测量的精度。在此基础上，本书分别测算了封闭式问卷和开放式问卷的支付意愿并进行了对比。分析发现，封闭式问卷的支付意愿高于开放式问卷，分别为 1. 65 元/升和 1. 18 元/升，高于非转基因大豆油的溢价比例处于 6. 12% ~8. 26% 。

第五章测算了消费者对转基因大豆油的补偿意愿。在利用调查所得数据的基础上，应用赫克曼备择模型分析消费者对转基因大豆油的补偿意愿，并做了共线性检验。研究发现，封闭式问卷的平均补偿意愿为 215. 9 元/月，低于开放式问卷的 386. 6 元/月，这主要是由封闭式问卷当中较低的补偿比率所决定的。影响封闭式问卷补偿意愿的因素主要是受教育程度、家庭月平均收入、是否信任经过认证的非转基因大豆油和转基因大豆油的品牌信息等变量，而开放式问卷中对应的影响因素则为受教育程度、家庭月收入、家中是否有 13 岁以下小孩和是否信任经过认证的非转基因大豆油等变量。

第六章在上述研究的基础上重点分析了支付意愿与补偿意愿差距的影响因素和内在机制。借助于第四章和第五章的研究方法，分别测算了每一个消费者支付意愿和补偿意愿的理论值，并以后者除以前者的比值作为被解释变量，利用截尾回归模型分析了导致二者差距的影响因素。研究表明，封闭式问卷中 WTA/WTP 均值为 18. 96，开放式问卷中为 14. 97，导致 WTA/WTP 差异的原因主要是损失规避、收入效应、不确定性和惩罚效应，已有文献指出的交易费用和产权理论在本书研究中没有解释力。

第七章为研究结论与前景展望。本书以转基因大豆油为例，在当前食品安全形势仍然严峻和转基因问题引起强烈争议的背景下，测算了消费者的支付意愿和补偿意愿。与以往研究不同的是，本研究以前景理论为理论框架，在测算过程中有效修正了样本选择性偏误、改善了变量设定和测算方法。这为转基因食品政策的制定、食品安全监管政策的调整、设计完善的补偿机制提供了重要参考。同时，本书深刻分析了消费者对非转基因食品的消费态度和心理感知，这为改善食品安全、提高消费者满意度指出了解决思路。

目 录

第一章　导论

第一节　选题的依据

一、理论争议：什么导致了 WTA 与 WTP 的显著差距

支付意愿（Willingness to Pay，WTP）是一个人为购买或交换某种商品而愿意支付或放弃的最大金额。支付意愿衡量的基础原则是，一个人愿意为某种商品付出的最大金额可以作为他对这件商品价值评估的指示。支付意愿的大小反映了人们对该物品的偏好程度，以及对该物品价值的认可程度（Hanemann，1984）。补偿意愿（Willingness to Accept，WTA）是一个人为放弃某商品而愿意接受的最小补偿金额。无论是 WTA 还是 WTP，都是消费者效用的两种不同衡量方法，体现的都是价格对消费者效用的影响，背后的理论依据主要是福利经济学的效用理论。这两种方法广泛应用于评估资源环境、生态补偿、水域耕地、健康风险以及食品安全的市场价值。但这一方法在广泛获得应用的同时也引发了巨大的争议，争议的焦点主要是同一物品的 WTA 和 WTP 经常不一致，而且还相差较大。由于 WTA 和 WTP 是消费者效用变化的两种衡量方式，在理论上两者是相等的，但国内外的实证研究都发现 WTA 和 WTP 不一致，通常 WTA 值总是比 WTP 值大，也即存在策略性偏差（Strategic Bias），两者之间差

距的平均倍数在2~10倍（Veisten，2007）。依照Hanemann（1991）的经验研究，对一个相同的日用品进行试验，WTP/WTA之间的比值为2.4~61倍（Venkatachalam，2004）。Horowitz和McConnell（2003）综合分析了45篇相关研究文献后发现两者之间的比率平均为7.17，最低0.74，最大达到112.67。国内学者的研究也证实，无论是利用参数估计法还是非参数估计法，算出的支付意愿和补偿意愿之间都有较大差距（王志刚等，2007；徐大伟等，2012）。

针对这一理论与现实的巨大差异，引发了学者的持续研究热情和激烈争议。如Shogren等（1994）为解释WTA/WTP之间的区别，首先设计了一个非市场物品的一般性的实验。发现商品之间的不完全替代会导致WTA/WTP出现差距，当物品之间的替代增强时，两者之间的差异趋于减少。Horowitz和McConnell（2003）研究了WTA与WTP之间的差距并测算了收入弹性，认为WTA与WTP之间出现差距的原因之一是测试物品与对照物品之间的替代效应。在此基础上，Amiran和Hagen（2003）从一般化的代表性消费者出发，分别从经济学理论上阐述了WTA/WTP对公共物品和私有物品之间的差别，并指出导致这种差别的原因主要是消费者对公共物品和私有物品之间替代弹性不同。Simon和Drolet（2004）对消费者展开的一项研究发现，消费者对某一商品的支付和补偿体现了不同的行为类型，特别是对自有资产禀赋的感知不同直接导致其补偿意愿和支付意愿的显著差别。Guria等（2005）对新西兰居民对交通风险的支付意愿和补偿意愿的实证研究发现，居民出于损失规避的心理而导致WTA/WTP之间的不一致。学者的这些研究虽然在一定程度上解释了WTA/WTP之间的差别，但已有解释不仅混乱，而且分歧较大。针对我国当前的食品安全形势，消费者的支付意愿和补偿意愿会出现什么样的特征，其内在的差异机理是什么等都亟须深入探讨和现实佐证。

二、现实困境：食品安全状况如何改善

当前，食品安全面临市场行为和政府监管的“双失灵”的现实困境。一方面是食品安全的严峻形势不断加深消费者的恐慌和焦虑，另一方面是违法企业的层出不穷和顶风作案，如何破解这一现实难题已经成为社会关注的热点话题。研究消费者的支付意愿和补偿意愿，可以深入了解其对食品安全的具体需

求和消费意愿，以确定是否因为个人的支付意愿低于社会回报而出现消费者改善食品安全的激励不足问题。通过分析消费者的支付意愿与补偿意愿，反思政府的监管对策，有效减缓食品安全市场失灵和政府监管失灵的局面，从而促进食品安全监管政策的调整和完善。

与此同时，随着消费者收入水平的提高和对自身健康关注度的加深，其对食品安全的诉求也越来越强烈。由于食品安全具有较高的“收入弹性”（Swinbank，1993），以我国消费者目前的收入水平，如果消费者不愿意也无法对食品安全支付相应的高价，生产厂商将不再有动力生产具有较高安全水平的食品，而我国的食品安全市场也将无法正常运行。因此，消费者对食品安全的支付意愿和支付程度是决定我国食品安全市场能否长期存在并不断发展壮大的关键因素。只有了解了消费者对食品安全的支付意愿，并以此为依据进行生产和管理，才不会造成食品安全的过度供给和资源浪费（Riston 和 Li，1998）。此外，消费者作为食品安全的需求方才是整个市场的最终决定力量，其对某种商品的支付意愿及支付程度是决定该种商品在市场中能否成功的决定因素。食品安全的公共物品属性，决定了消费者是否愿意为食品安全的改善支付溢价，反映了其可以在多大程度上愿意接受因食品安全状况改善所带来的成本。研究消费者对安全食品生产成本增加所形成的支付意愿与支付动机，可以有效确定政府、企业和消费者等利益相关方的成本分担机制，实现食品安全形势的改善。

三、行业危机：当道德风险成为集体行动

声誉机制和资产专用性原理指出，大型食品企业在虑及长期收入流和消费者“用脚投票”行为的情况下而不会轻易违法（吴元元，2012）。因此，大型食品企业在正常的声誉机制和市场环境下比小企业更有动力也有能力生产较安全的食品，但最近几起重大食品安全事件都与大企业特别是著名企业有关（卢英杰，2012）。生产劣质食品不再是小作坊的专利，而是成为整个食品行业的集体行动。在这种情况下，研究消费者的支付意愿和补偿意愿将有助于认识食品企业违法行为的动机，发现企业的内部激励结构。特别是，当消费者对食品安全的支付意愿较低时企业是否倾向于违法？当表现出较强的支付意愿

时，食品企业是否有激励机制提供更加安全的食品？

虽然已有研究从信息不对称、外部成本内部化和逆向选择等方面研究了食品企业违法行为的动机（Caswell，1998；Riston 和 Li，1998；狄琳娜，2012），但在档案制度、信息交流体制建设不断加快，食品安全信息在生产者和消费者之间日益透明的情况下，我国消费者将对食品安全表现出多大的支付意愿？食品企业的生产决策是否会出现调整？如果不调整，现有食品安全监管政策是否需要进行相应改变？如果调整，食品企业是否存在进一步的空间以生产更安全的产品？通过分析这些因素，不仅为食品企业提供了化解食品行业诚信危机的新视角，也为政府制定科学的行业标准提供了决策依据。

四、政府失信：保护消费者利益与缓解社会矛盾的现实需要

频繁发生的食品安全事件，不仅使大量消费者遭受人身和财产损失，而且引发了政府的失信，也在一定程度上激化了社会矛盾，甚至引发冲突。例如，2008 年 9 月爆发的“三聚氰胺”毒奶粉事件，就导致 30 多万儿童受害及其家庭遭受巨大伤害。目前，在现有无法直接实现市场补偿的政策制度环境条件下，从消费者的角度进行食品安全补偿意愿及作用机制的研究，准确评价食品安全对消费者造成的切实伤害，有助于制定科学的食品安全补偿政策，深化补偿制度的改革，提高消费者的补偿满意度，缓解目前存在的因大量遭受食品安全损害而无法合理补偿引起的社会矛盾和冲突，因此本研究具有重要的理论意义与现实意义。

目前，国内学者对食品安全支付意愿的研究虽然有余，但对于消费者补偿意愿的研究却十分欠缺，特别是因食品安全而涉及的补偿制度、补偿标准、补偿方式等问题的研究文献更是匮乏。鉴于此，本书通过研究消费者的支付意愿和补偿意愿并对其补偿特点进行经济阐释，分析消费者参与食品安全补偿意愿的决策机理，为获得更多应对食品安全政策的公众支持提供理论与实证依据（见图1－1）。此外，展开对消费者补偿意愿的分析，为补偿政策的科学制定提供参考依据，进而实现消费者合法权益的保护和社会的和谐稳定。

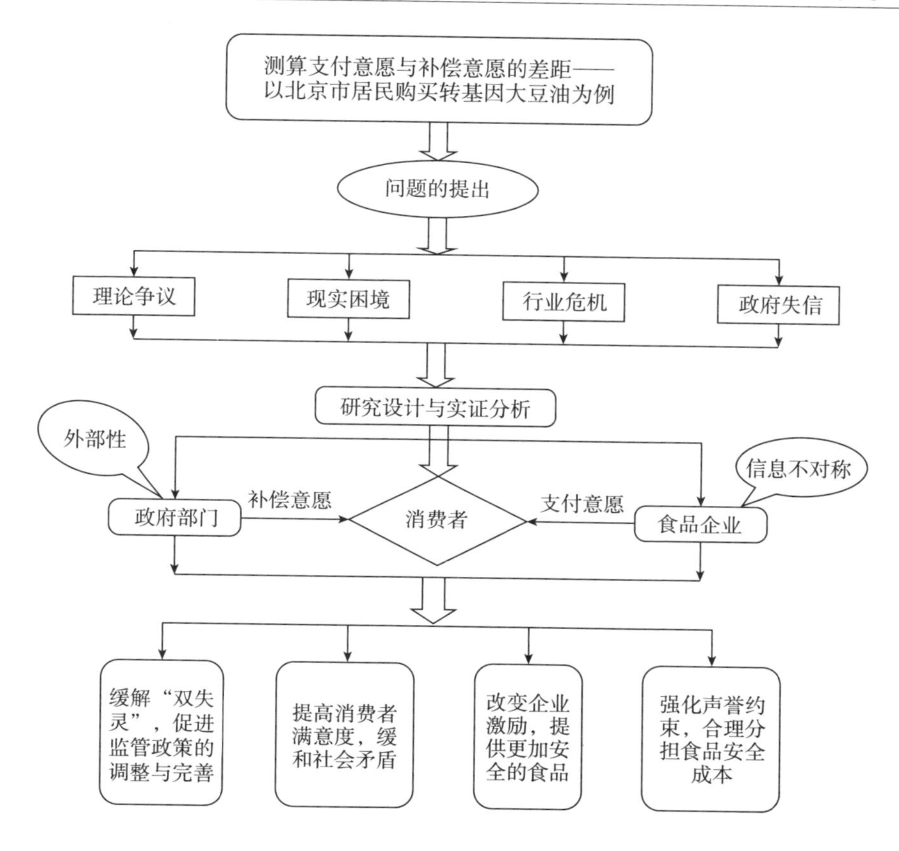

图1-1 问题的提出示意结构

第二节 研究界定

一、研究对象的界定

已有文献关于食品安全问题的研究可以分为多个维度。国内外的学者多从食品安全规制、食品安全标准、食品安全检测和不同食品的消费行为等角度展开了不同层次的研究，形成了丰富的文献资料。其中一个值得关注的研究视角是以消费者为研究对象，分析其对食品安全需求、消费行为和食品安全的支付意愿。本书在借鉴已有文献资料的基础上，以当前发生的重大食品安全事件为切入点，侧重分析消费者在风险社会下对食品安全的支付意愿和补偿意愿。研究所依据的主要理论为前景理论（Prospect Theory），但是与以往研究不同的是，本书以前景理论为分析框架展开消费者支付意愿和补偿意愿的研究。前景理论是解释个体在风险和不确定情况下如何做决策的最有效的理论（Carsten等，2013），将这一理论引入消费者支付意愿和补偿意愿的研究将更有助于分析影响消费者行为决策的内在机理，也能为支付意愿和补偿意愿出现差距的原因提供新的解释依据。同时，借助于产业经济学、制度经济学、信息经济学和博弈论的有关方法和理论，构建本书的研究框架，比较系统地研究了我国城镇居民对食品安全需求、消费行为的支付意愿和补偿意愿，并结合调研数据实证分析城镇居民的食品消费行为规律及其风险态度、风险认知和食品安全信息需求。

二、研究领域的界定

从学科领域上讲，本研究是福利经济学、信息经济学、消费行为学和规制经济学的综合应用。具体而言，本书首先研究的是消费者的支付意愿和补偿意愿，这两者都是基于消费者效用变化进行的福利经济学分析，通过分析其支付额度和愿意接受的额度可以发现消费者因食品安全改善或者恶化而发生的福利变化和消费者剩余变动；其次，由于消费者与食品生产企业、政府与生产企业、消费者与政府之间广泛存在信息不对称的现象，因此研究当中将涉及信息经济学的理论分析和微观考察；再次，消费者对公共物品的支付意愿体现的是其消费决策方面的问题，涉及消费心理、风险态度和消费行为方面的基本分析工具，而这又属于消费行为学的研究范畴；最后，在研究结论的基础上，反思我国现有规制政策和行业标准的不足，促进监管政策的调整和完善是研究的落脚点，这将引入规制经济学的相关理论和方法。

三、研究概念的界定

（一）食品安全

食品安全自1974年联合国粮农组织在世界粮食大会上首次提出以来，先后经过世界卫生组织和国际食品卫生法典委员会的多次阐释而内涵不断丰富，形成了相对完善的食品安全概念，即“食品在消费者摄入时，不含有害物质，不存在引起急性中毒、不良反应或潜在疾病的危险性”。我国在2006年4月通过的《农产品质量安全法》中对农产品质量安全的定义为“农产品质量符合保障人的健康、安全的要求”。从上述国内外的权威定义来看，其对食品安全的内涵界定是对食品基本属性的最低要求，也即卫生、无毒和无害。食品安全概念发展到今天已经发生了很大的变化，早期的避免中毒、保护生命的基本要求已经提升至现有的不仅要有利于健康，提供适当的营养，而且要有利于保持生态平衡和可持续，减少碳排放，既是安全的也是低碳的。本研究所使用的食品安全仅指综合方面的食品安全概念，也就是指食品需具备人体所需的最基本属性，满足无毒、无害、提供营养和维持生命健康等要求，同时提供的食品也是环境安全和生态安全的。

（二）支付意愿

消费者的WTP，是指消费者为食品安全改善而导致效用增加所愿意支付的溢价，它既表达了消费者对食品安全改善的货币评价，也反映了消费者对食品安全的有效需求状况。支付意愿并不是实际的交易价格，其也难以在实际的交易数据中获得，但其反映了消费者所能接受的价格上限，在一定程度上反映了消费者的偏好，并且会受到消费者支付能力的制约。因此，支付意愿一般是通过假设价值评估法（Contingent Valuation Method，CVM）向消费者描述市场上商品的属性，以测出消费者对该商品所愿意支付的价格的方法来获得。消费者的支付意愿一般是因人而异的，并且会随机分布，这就会形成不同支付意愿水平的不同概率，其分布情况如图1-2所示。消费者对食品安全支付意愿的大小，是决定食品安全市场是否长久存在并发展壮大的关键因素。只有当消费者对食品安全有比较高的支付意愿，并且该价格可以弥补生产者的成本时，企业才愿意进行食品安全的供给。目前已有文献对消费者支付意愿的研究已经从传统的环境价值扩展到生态效益、低碳商品、品牌价值和食品安全等多个领域，在测量方法上除了采用传统的价值评估法外，一些新的工具如Cox比例风险模型、分层线性模型（Hierarchical Linear Models，HLM）等也被采用。本研究所使用的支付意愿是指当消费者面临普通食品及其具有较安全属性的替代品时，是否愿意为其替代品支付额外的溢价和这一溢价的大小和分布，以及消费者在食品安全风险状况下的消费行为规律和内在决策机理，从而改变了已有研究侧重分析其影响因素的传统思路。

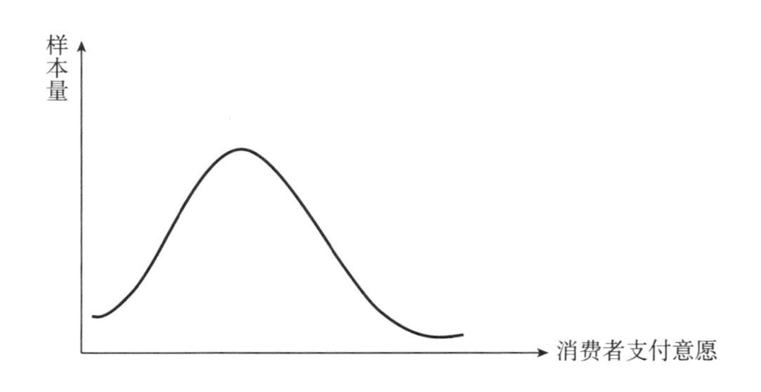

图1－2　消费者WTP分布图

（三）补偿意愿

补偿意愿是指消费者愿意放弃某商品或者效用变差的情况下所能接受的最小金额，这一金额一般是对消费者效用变化的一种补偿，有时也叫作受偿意愿。在很多的调查研究中，消费者的补偿意愿与被调查者的一些重要社会经济变量如收入之间并没有显著的关联性。但是，补偿意愿确实与被调查者的家庭人口和教育水平等有密切关系，特别是与其支付意愿有较强的联系。消费者的补偿意愿一般可以分为对私人物品的补偿意愿和对公共物品的补偿意愿。在本研究中，消费者的补偿意愿仅指对食品安全这种公共物品所能接受的补偿，包括其所能接受的水平和方式。同时，作为本研究重点之一，消费者的支付意愿与补偿意愿的差距受到多种因素的影响，如居民自身的社会经济特征，特别是风险认知、风险态度和风险偏好，以及自身收入水平和受教育程度。此外，另外一个十分重要的因素是商品属性的不同将导致二者的巨大差距。鉴于此，本研究仅将研究对象限定在食品安全这一公共物品特性方面，从而探究二者差距的因素和形成机理。

第三节　研究目的及内容

一、研究目的

食品安全是农业发展与食品政策研究中的重要问题，保障食品安全也是国家政策与管理职能的主要目标之一。本研究利用福利经济学、发展经济学、消费行为学等方面的知识研究消费者食品安全的 WTP 和 WTA，并分析二者之间的差别和具体原因，以实现以下研究目的。

（1）当前消费者对食品安全的支付意愿有多大？消费者的支付意愿受到哪些因素的影响？如何通过消费者的支付意愿影响食品企业的生产决策，促使食品企业改善激励结构以提供更加安全的食品。

（2）消费者若因食品安全而受到伤害，其可接受的最小补偿是多少？这些补偿受到哪些因素的影响？根据消费者的补偿意愿，设计出合理的补偿标准、补偿等级和补偿方式，以维护消费者的合法权益，提高其食品安全满意度，实现社会矛盾的缓和；同时，通过使企业承担部分补偿资金以惩罚违法企业，提高企业的违法成本。

（3）比较消费者的支付意愿和补偿意愿，分析二者之间的差距到底有多大？在与已有研究对比的基础上，分析这种差距的影响因素和经济学依据，丰富该领域的研究。

（4）利用本书的研究结果，得出相应的政策启示。一是从消费者的角度制定提高消费信心和满意度的具体对策；二是从企业的角度构建正反激励机制，减少其机会主义风险，为市场提供更加安全的食品；三是反思现有监管政策的不足，促进食品安全监管制度的调整和完善。

二、研究内容与框架

在上述研究目的背景下，本书围绕消费者对食品安全的支付意愿和补偿意愿进行多个维度的分析和解剖，试图探寻其内在差异的经济学依据，并根据前景理论反思我们的监管政策，促进食品安全形势的改善和消费者福利的提高。具体而言，本书将重点研究以下内容：

（一）基于前景理论的支付意愿与补偿意愿的理论分析

前景理论被认为是描述消费者在风险和不确定情况下做决定的最佳理论（Tversky 和 Kahneman，1992），它的主要特点之一是参照依赖（Reference Dependence）和消费者对待损失和获得的显著心理差异。在这一基础上，与支付意愿有关的风险态度受到三种因素的影响，分别是概率衡量、基本效用和损失规避。下面以支付意愿为例进行分析，图 1－3 是前景理论与消费者剩余和支付意愿的解释，与已有研究的解释存在差异。

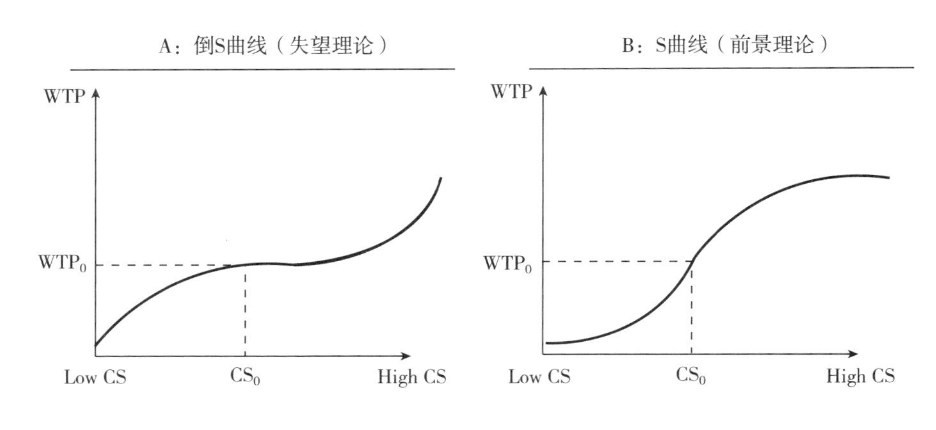

图 1－3　前景理论与消费者剩余和支付意愿的解释

（二）城市消费者对食品安全的支付意愿及其影响因素

这一部分主要是根据赫克曼备择模型展开对消费者食品安全支付意愿的研究，重点分析在当前食品安全风险较大的情况下其对安全食品的需求程度、支付意愿、支付水平及其影响因素，为促进食品企业守法经营、加强自身声誉约束提供政策建议。

（三）城市消费者对食品安全的补偿意愿及其影响因素

这一部分主要是对消费者的补偿意愿进行研究，除了采用上述研究方法之外，重点分析补偿额度、补偿方式和补偿体系。还将通过情景理论的使用分析消费者的补偿意愿受到哪些因素的影响，研究如何设计一套合理的补偿体系，提高消费者的消费信心和食品安全满意度。

（四）支付意愿与补偿意愿的差距机理探究

这一部分重点研究支付意愿与补偿意愿差距的经济学依据和具体影响因素，在与已有研究进行比较的基础上提出相应的启示和建议。

（五）食品安全监管政策改进路径

通过对消费者支付意愿和补偿意愿的研究，反思当前的监管政策和行业标准，结合研究结论提出针对性政策措施。

第四节　研究方法与数据

一、研究方法

（一）规范分析与实证分析相结合的方法

在理论分析方面，主要采用了前景理论、制度经济学理论、信息经济学理论和博弈论等理论方法，采用规范分析对消费者在面临食品安全风险情况下的行为决策，以及其支付意愿与补偿意愿差距的影响因素和经济学根据进行阐释。在实证分析方面，本书主要采用描述性统计分析对调查对象的风险认知、风险态度和支付与补偿偏好等情况进行分析，同时采用赫克曼备择模型及随机效用模型分析消费者食品安全的支付意愿和补偿意愿的具体影响因素以及两者差距的内在机理。

（二）假设价值评估法

假设价值评估法不依赖现实市场的数据，而是通过设计一个虚拟的市场环境假设商品的市场价值，经过问卷调查，向消费者描述虚拟市场中安全食品的不同属性，进而询问其 WTP 或 WTA 情况，根据消费者对不同食品属性的价格偏好来评估安全食品的经济价值。CVM 方法主要是通过询问受访者为达到某种效用所愿意支付的价格，从而推导出该产品的价值。受访者面临两种选择：一是保持现有状态，不支付额外的费用；二是给定一种优于现有状态的假想状态，但必须支付额外的费用。假设价值评估法是目前流行的对支付意愿进行评估的方法。本方法的特点在于研究受访者在不同的假设下，为避免效用降低所愿意支付的最高价格，或在效用降低的情况下，愿意接受的最低补偿价格。

（三）文献研究法

本书在广泛梳理国内外关于支付意愿和补偿意愿及其差距等研究文献的基础上，借鉴已有研究的可取思路和分析方法，较为全面地把握已有研究的相关理论和进展，归纳总结我国消费者当前对食品安全的支付意愿、补偿意愿及其差异机理的具体影响因素。

（四）问卷访谈法

本研究在运用前景理论对所需要调查的数据和研究问题进行问卷设计和调查访问，对北京不同城区的消费者进行面对面调查，通过设计不同的情景引导消费者对具有安全属性的食品进行假想支付和补偿。问卷设计的问题是在预调研的基础上进行调整和改进，通过半开放式访谈，重点访问其在当前食品安全风险比较大的情况下对安全食品的需求、风险感知、支付能力、支付意愿和补偿意愿及其具体影响因素。

二、数据来源

本书研究的数据主要来源于对北京市主要城区常住居民进行的面对面调查问卷，问卷分为开放式问卷和封闭式问卷两种类型。调查在 2012 年 9 月 19 日 ~ 2013 年 12 月 10 日进行，本次调查发放封闭式问卷 300 份、开放式问卷 300 份，共 600 份；其中封闭式问卷回收 292 份，开放式问卷回收 287 份，共计回收有效问卷 579 份，样本有效率达到 96.67%。同时，其他统计数据如《中国统计年鉴》《中国食品工业年鉴》《中国技术监督年鉴》、“中国健康与营养调查数据库”和卫生部的官方网站的统计数据等也根据需要在研究当中有所应用。

三、可能的创新点

根据上述研究目的和研究内容，本研究可能的创新点主要有以下三个方面：

一是研究思路创新。本书通过对食品安全的需求方消费者的研究，分析其食品安全的支付意愿和补偿意愿，从而得出消费者对食品安全的关注程度以及对优质食品的偏好水平，进而延伸到企业的生产决策和激励结构，研究设计促进食品企业生产安全食品的政策措施。这一研究思路摈弃了已有研究忽视微观基础导致政策的制定难以获得广大消费者认可的不足，也避免了因缺少对企业核心利益的分析而出现的治标不治本的现象。

二是研究内容创新。本书在研究内容方面重点突出消费者对食品安全的支付意愿、补偿意愿和两者之间的差异分析。由于国内学者对食品安全的支付意愿研究相对丰富，但是对食品安全补偿意愿的研究相对匮乏，更是缺少两者之间的对比分析。本研究内容改变了已有文献分析的片面性，运用不同的方法衡量消费者对食品安全的偏好，使得分析结果更加准确和严密。

三是研究方法创新。本书在研究中采用赫克曼备择模型研究消费者对转基因食品的支付意愿和补偿意愿，这个模型可以避免样本选择偏误导致的估计偏差问题。而已有研究分析消费者的支付意愿时多采用 Logit 或者 Probit、Tobit 或者 Binary Logistic（Probit）等回归模型，但这些方法将不可避免地出现选择性偏误问题，即使选择适当的抽样方法也难以避免。由此，本书为改善已有研究方法存在的这一缺陷，采用赫克曼备择模型（Heckman Selection Model）来消除样本数据带来的选择性偏误问题，运用赫克曼备择模型分析消费者的支付意愿和补偿意愿可以实现研究结果的准确性和一致性。

第二章　文献综述

第一节　食品安全的研究进展

食品安全是目前社会最为关注的民生焦点问题，也是现阶段最大的民生诉求之一，特别是在经历了多次重大食品安全事故之后，我国居民对食品安全的担忧和恐惧逐渐加深，学者对这一问题的思考和探索也日益集中和深入。

一、食品安全的整体态势

2006 年 1 月中国环境文化促进会发布的公众环保民生指数显示，在访问的 14 类问题中，被访者最关心的是食物安全问题。中国社会科学院 2007 年 3 月完成的一份调查报告表明，食品安全问题是 86% 的人最为关注的民生问题。另据商务部 2005 年的调查数据显示，全国食品卫生的平均不合格率在 8% 左右，蔬菜农药残留超标占比为 7%，消费者对任何一类食品的安全信任度都低于 50%（王彩霞，2011）。2009 年在中国社会科学院发布的《社会蓝皮书》上刊载的 2008 年中国民生问题的调查中，有 70% 的公众对所测量的七个方面的社会安全感认为是比较安全和安全的，但是食物和交通安全状况是公众认为最差的，排在最后两位，交通安全为 65.3%，食物安全为 65.7%。2010 年 10 月 18 日，英国 RSA 保险集团在上海发布全球风险调查报告时指出，我国目前食品安全问题是仅次于地震风险的第二大社会风险（洪巍和吴林海，2013）。2011年，我国爆发的食品安全网络舆情热点事件就有52件，是2010年和2009年总数的两倍多（人民网，2010；谢耘耕，2011）。2010年6月，小康杂志社联合清华大学媒介调查实验室开展的公众安全感调查显示，“食品安全以72%的比例拔得头筹，是中国消费者的最大不安，也是中国政府的一块心病”（欧阳海燕，2010）。

食品安全不仅关系到每一个居民的健康福祉，也关系到政府的公信力、企业的信誉度和居民的消费信心，以致影响到整个社会的和谐发展（张河顺，2012）。由于食品生产供应链环节增多，信息不对称、沟通不信任和技术水平等因素的限制，食品质量安全存在着系统性失灵（Hennessy等，2003）。以2008年爆发的乳制品行业“三聚氰胺”事件为例，刘呈庆等（2009）从政府规制、企业市场扩张策略、第三方规制和企业内部管理等方面进行的研究发现，这是一起多因素相互作用引起的行业性污染事件。特别是以“蒙牛”为代表的乳制品企业迅速膨胀，为扩大市场份额、抢夺优质奶源而出现道德风险和机会主义行为。虽然乳制品行业给消费者和社会带来了巨大的伤害和负面影响，但是由于地方政府在财政最大化目标下，可以将查处和监管的力度控制在一定水平，从而使得这些违法企业“打而不死”（赵农和刘小鲁，2005）。由于食品安全具有十分明显的信任品属性，在外界环境变化及监管能力不匹配的条件下，食品安全面临的挑战越来越复杂，并引发了消费者对安全性的显著诉求（王常伟和顾海英，2013）。由于食品安全的经济性规制未发挥主体作用，食品企业产权不清和市场化不充分以及惩罚性赔偿制度存在缺陷等问题，导致消费者的诉求难以表达和保障成本较高，严重降低了其参与食品安全规制的积极性（刘畅和赵心锐，2012）。

二、食品安全的经济学分析

一般而言，食品市场与其他市场一样也会存在市场失灵。国内外很多学者利用信息经济学和制度经济学从市场不对称理论、“柠檬市场”理论、博弈论和交易费用理论、供应链等角度对食品安全发生的经济学原因和内在机制做了广泛的探讨。比如，Akerlof（1970）对次货市场逆向选择的论文中指出，当消费者不清楚商品质量时，只能根据统计特征推断商品的质量高低并支付平均质量价格，这种情况下卖方将只会出售质量较低的次品，进而形成“劣币驱除良币”的“柠檬市场”。这可以被认为是从信息不对称角度分析商品质量的经典之作。此后，平新乔和郝朝艳（2002）在此基础上做了进一步分析，指出中国市场的假冒伪劣问题不在于与质量、信誉相联系的垄断，而在于人为因素、无效率的行政垄断导致的不合理的高价、高利机会导致的低劣商品。Nelson（1970）及 Darby 和 Karni（1973）根据消费者获取产品属性信息的难易程度，把商品分为搜寻品（Search）、经验品（Experience）和信任品（Credence）三种类型。David 等（2011）的研究表明，食品安全问题经常是由于消费者和供应商之间的信息不对称而产生的。这种信息不对称主要体现在以下四个方面：一是食品生产经营者与消费者之间的信息不对称导致产品质量难辨；二是生产经营者与管理者之间的信息不对称引发政府监测成本高和速度慢；三是下级管理者（代理人）与上级管理者（委托人）之间存在信息不对称导致对下级管理者的管理行为难以监控；四是政府与消费者之间的信息不对称导致政府的食品安全信息不能及时有效地传递给消费者（周德翼和杨海娟，2002）。正是由于上述信息不对称因素的存在，导致食品安全乱象丛生，监管困难和消费风险增大。

博弈论应用于食品安全是在 20 世纪 70 年代之后，各国不断完善食品安全规制，并努力减少食品安全隐患，从博弈主体所付出的成本和收益来衡量食品安全规制的效率问题。食品安全涉及政府、企业、消费者和媒体等多个利益主体，不同主体之间存在信息不对称和利益冲突。因此，一些学者将博弈论引入到食品安全的经济学分析当中。官青青（2013）分别建立了厂商与消费者、厂商与政府行为之间的博弈模型，发现食品企业缺乏改良食品安全的激励，降低成本和违规制假成为多数中小企业的理性选择。张婷婷和张学林（2013）利用食品企业和政府规制机构之间的静态和动态博弈模型分析了政府的监管成本变化和寻租行为，指出要使企业自觉加强食品安全管理，必须使其因质量提高的收益大于产生的成本，否则企业有违法动机。王志刚等（2012）利用从全国获得 HACCP 认证的 334 家企业数据测算了安全质量水平对企业成本的影响效应，发现安全质量对于生产成本具有内生性，企业投入的成本弹性随着产

品质量安全水平的提高而上升。

交易费用作为制度经济学的核心理论，也成为学者解释食品安全市场失灵的重要分析工具。根据科斯和威廉姆森的论述，市场交易费用分为两个部分：一部分是交易因素，即指市场的不确定性、潜在交易对手的数量及交易的技术结构（交易频率、资产专用性等）；另一部分是指人为因素带来的交易费用，主要指人的有限理性和机会主义行为（威廉姆森，2002）。由此可见，食品安全市场是一个信息不对称的不完全竞争市场，机会主义盛行、市场不确定、企业规模小和资产专用性低都将导致食品安全市场交易费用的提高并引发质量安全问题（王世表等，2011）。

与市场结构观、信息不对称说和监管失灵的解释不同，沈宏亮（2012）将食品安全发生的根本原因归结于我国转型期市场和制度环境不确定条件下相关缔约方的机会主义行为，特别是食品企业以通用质量控制资产替代专用资产直接降低食品的安全程度。一种法经济学的观点认为食品安全发生的原因与违法成本低有关，对此可以借助声誉机制的威胁促使企业虑及长期收入流，借助无数消费者"用脚投票"的行为深入作用企业利益结构的核心部分，进而阻吓企业放弃潜在违法行为（吴元元，2012）。但是声誉机制的发挥需要良好的市场条件，目前其在约束企业违法、违规方面的作用还十分有限（陈国进等，2005）。比如，从理论上讲，大型食品企业在正常的声誉机制和市场环境下比小企业更有动力也有能力生产较安全的食品，但最近几起重大食品安全事件都与大企业有关，从而出现了理论与现实不符的矛盾现象（卢英杰，2012）。狄琳娜（2012）用全新视角从信息不对称、外部成本内部化、道德风险和逆向选择等方面分析了我国食品安全违法行为产生的原因，认为食品安全违法行为发生的根本原因是违法成本太低，这助长了食品生产者制假售假的道德风险。

食品供应链追溯系统作为一个完整的生产信息记录和披露体系被认为是一种可以有效提高食品安全水平的有效途径。龚强和陈丰（2012）通过从理论上分析一个由下游销售者和上游农场组成的垂直供应链结构，以及可追溯性的提高如何改善供应链中食品安全水平和上下游企业利润的影响，研究发现增强供应链中任一环节的可追溯性都可以促进该环节食品安全水平的提高，促进其他环节的企业提供更加安全的产品。费威和夏春玉（2013）分析食品供应链中主要的利益主体——零售商、龙头企业和养殖户的行为选择与影响因素，提出了以龙头企业为核心的农产品供应链模式来保障我国食品安全的具体对策。由于食品安全的信息交流和透明不仅能满足消费者的知情权，还能促进食品安全的有效监管并推动食品产业的可持续发展，因此，如何确保食品安全供应链的透明引起了实务界和理论界的兴趣。代文彬和慕静（2013）在梳理已有研究成果的基础上，从驱动主体、流程规范和保障条件三个层面对食品供应链透明的理论分析框架做了探索，这一研究促进了信息技术平台的搭建和供应链治理结构的完善。张云华等（2004）分析了食品供给链中行为主体间在一次博弈、重复博弈和不完全信息动态博弈下的战略选择问题，分析表明市场中一次性市场交易中食品供应链行为人会出于利益最大化的动机选择机会主义行为，为此需要对供给链进行有效的监督以及严厉可信的惩罚从而影响行为主体的战略选择和受益函数，实现约束参与人的机会主义行为和增进食品供给链的食品安全性的目的。陆杉（2012）利用完全信息条件下无限次重复博弈和不完全信息条件下基于声誉机制的有限多次博弈研究了农产品供应链成员的信任机制，提出建立适当的供应链成员进入机制、完善的激励机制、规范的约束机制以及有效的沟通与协调机制有助于确保整个农产品供应链实现双赢或多赢。

三、食品安全对消费者行为的影响

食品安全是关系公众生命健康安全的重大民生问题，因此食品安全对消费者的消费行为影响巨大。秦庆等（2006）对武汉市居民对 12 种食品的安全心理做了调查研究，发现 80.6% 的被调查者对食品安全表示担心。其中，分别有 47.4%、38.5% 和 71.7% 的消费者对蔬菜、水果和猪肉表示不放心。不仅如此，即使是经过认证的无公害蔬菜也有 51% 的消费者持不信任态度（陈志颖，2006）。洪巍和吴林海（2013）在对全国 12 个省、自治区和直辖市共 4800 名城乡居民的实地调查表明，60.97% 的城乡居民表示对当前的食品安全问题关注，有超过 70% 的受访者认为其食品安全信心受到近年来发生的食品安全事件的影响，其中有 23.15% 的消费者表示消费信心受到严重影响。这表明，不断发生的食品安全事件引发了消费者的信任危机。根据 Jonge 等（2007）将“食品安全信任”定义为消费者认为食品是普遍安全的，对其消费不会对人体身体健康和环境造成任何伤害的信念。蒋凌琳和李宇阳（2011）通过梳理国内外消费者对食品安全信任问题的研究成果，介绍了食品安全信任的内涵，并将其影响因素概括为消费者个人特征、对利益主体的信任、对食品信息的认知和对食品安全问题的认知四大类。消费者对食品安全风险的认知是影响其消费信心的重要因素。Hans 和 Reint（2003）从纵向的角度，考察了消费者对食品安全的信心状况，以及消费者信心随时间的变化的原因和过程。王志刚等（2013）对“三聚氰胺”事件后北京、天津和石家庄三个城市消费者的奶制品消费信心恢复的研究表明，事故发生地石家庄的消费者信心恢复明显慢于非事故地区北京和天津，由此带来的负面反应是减少奶制品消费或者转向其替代品。从近年发生的食品安全事件所暴露的问题来看，食品安全的风险同时具有客观实在性和主观建构性的双重特征，也就是大多数风险属于一种复合性风险。张金荣等（2013）对北京、长春和湘潭公众风险感知的实证研究发现，公众对食品安全风险的感知存在着主观建构因素和人为放大效应，在对食品安全责任的归咎方面存在着加重政府责任而相对弱化个人和企业责任的现象。

在具体的消费行为方面，消费者普遍是谨慎的。戴迎春等（2006）对南京市有机蔬菜的消费行为做了实证调查研究，结果表明，消费者对目前的蔬菜安全普遍不放心，对有机蔬菜的信任程度也不高。由于信息不对称，很多消费者的潜在需求没有转变为实际购买（周应恒等，2004）。消费者比较偏好含有较多质量信息的产品，并愿意为其支付较高的价格。可追溯体系被认为是可以从根源上预防食品安全风险的主要监督工具之一（Van Rijswijk 等，2008），因为消费者可以通过这一体系获得相关信息，实现迅速溯源。王锋等（2009）对可追溯农产品的实证研究表明，仅有 11% 的消费者很信任贴有标签的可追溯农产品，在支付意愿方面仅愿意支付 5% ~10% 的溢价。文晓巍和李慧良（2012）以可追溯肉鸡为例调查了广州市消费者对这一产品的购买意愿、感知风险和信任态度，研究发现，有 63.9% 的消费者认为可追溯肉鸡不安全，对市场上的认证食品也表现出较低的信任态度。

造成这种现象的原因一方面源于消费者所获得的信息有限从而影响其消费行为，另一方面源于生产源头客观存在的农（兽）药残留、化肥超量、环境污染等导致食品不安全的风险因素。毛文娟（2013）对近几年发生的几起环境污染引发的食品安全事件做了研究，发现环境安全是我国食品安全风险的主要来源。这是由于水污染、土壤污染、大气污染、气候变化等环境问题不断危及食品产业链的源头，冲击食品安全的第一道防线。根据张跃华和邬小撑（2012）对1131户养猪户病死猪的处理方式和疫情报告的调查研究，有10.17%的养猪户选择将病死猪出售卖掉，而选择报告疫情的仅有18.83%，这也是导致消费者担忧食品安全的重要因素。与此同时，很多消费者比较缺乏较为专业的营养卫生知识和食品安全信息，尤其是在标签、认证和追溯体系方面缺乏认知导致其食品消费行为表现较为明显的风险规避行为（谢钰思和武戈，2012）。周洁红（2004）对浙江省城镇居民蔬菜安全消费行为的实证研究发现，消费者对食品安全风险的防范主要依靠第三方的卫生监督和管理，自我防范食品风险的意识较差。一旦发生食品安全事故将给消费者带来巨大伤害，为维护消费者的合法权益和惩罚违法企业，王军和钟娟（2012）认为，在当前食品安全监管乏力的形势下应重新建立食品安全的惩罚性赔偿制度，从而改变已有“十倍赔偿”规定威慑力不足的局面。

第二节　支付意愿与补偿意愿的研究进展

一、支付意愿和补偿意愿的基本理论和方法

WTP是一个人为购买或交换某种商品而支付或放弃的最大金额。支付意愿衡量的基础原则是，一个人愿意为某种商品付出的最大金额可以作为他对这件商品评估的指示。支付意愿的大小反映了人们对非市场物品的偏好程度，以及对非市场物品价值的认可程度（Hanemann，1984）。WTA是一个人愿意放弃某商品而能接受的最小金额。无论是WTA还是WTP衡量的都是价格对消费者效用的影响，其背后的理论依据主要是福利经济学的效用理论。

（一）福利经济学理论

支付意愿与补偿意愿的概念来自 Hicksian 定义的二种希克斯消费者剩余测度指标，即补偿变差（Compensation Variation，CV）和等效变差（Equivalent Variation，EV），最早来源于对私人商品价格变化给消费者带来的福利变化的测量。两者具体的衡量方法如图 2－1 所示，这里消费者最初所处的最优消费束在 A 点，当食品的安全水平发生变化时，消费者的效用水平会发生变化，这种变化的衡量有两种方法可以表示，一是等价变化，二是补偿变化。

第一，等价变化。等价变化测度的是，当食品的安全水平发生变化时，消费者为了与原来的效用水平保持一致，所愿意付出的货币量。当食品的安全水平发生变化时，消费者的福利也会发生相应的变化。最初消费者处于与预算线相切的 A 点，当食品的安全水平提高时，消费者的效用发生变化，此时处于 C 点，B 点和 C 点在同一条无差异曲线上，效用水平由 U_0 上升到 U_1。消费者为了保持这种效用，愿意支付的价格就是等价变化，也就是消费者的支付意愿水平。用公式表示就是 $U_1(P, X, Y-WTP)=U_0(P, X, Y)$，其中由于食品质量的上升引起消费者所愿意支付的高于原来效用水平的溢价就是消费者对食品安全的支付意愿。体现在图形上就是当食品安全水平由 q_0 上升到 q_1 时，在更高的效用水平下，消费者愿意支付的高于原来价格的差额，这个过程就是等价变化（EV）。

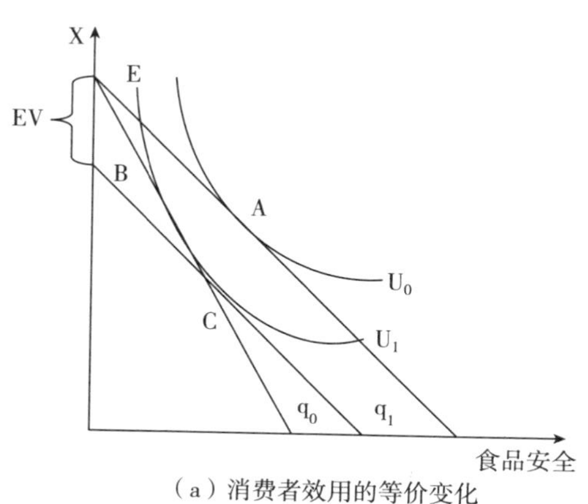

（a）消费者效用的等价变化

图 2－1　消费者效用变化的衡量

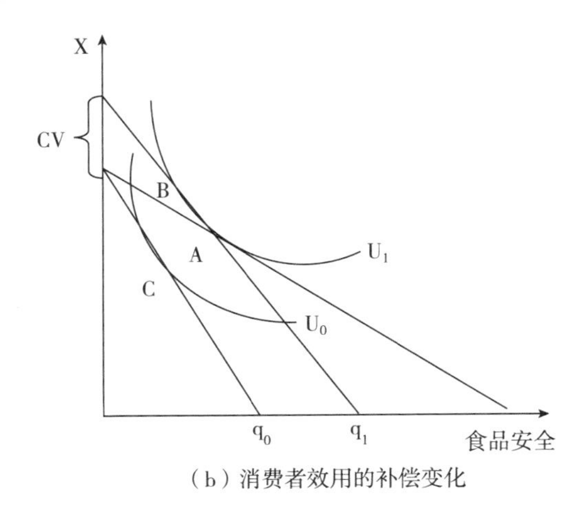

（b）消费者效用的补偿变化

图 2-1　消费者效用变化的衡量（续）

第二，补偿变化。测度消费者剩余的另一种方式是，当食品安全水平变化以后，要使消费者的效用与变化前的境况一样好，必须补偿给消费者多少货币。消费者原来的最优消费束是在 A 点，当安全水平下降后，处于 C 点，为了保持原来的效用水平，预算线必须上移多少才能回到原来的无差异曲线上。用公式表示就是当消费者从 U_1 下降到 U_0 时，为了使消费者的境况和原来一样好，必须补偿多少货币，即 U_0（P，q_0，Y + WTA）= U_1（P，q_1，Y）。体现在图形上就是给消费者多少货币才能使消费者从 C 点的效用水平回到至少与原来一样的效用水平，也就是图 2-1（b）中的 B 点。补偿变化测度的是为了补偿安全水平的变化给消费者带来的影响，政府必须给予消费的额外货币，也即 WTA。

（二）支付意愿与补偿意愿的测量方法研究

食品安全具有信任品和公共物品的特性，它并不能在市场上通过直接交换来获得价值。因此，要了解消费者对食品安全的支付意愿，就需要采用合适的研究方法。国外的学者通常使用偏好的方法来评估消费者对食品安全的支付意愿，这些方法包括结合分析法、假设价值评估法和实验拍卖法（见图 2-2）。目前，应用范围最广泛的是假设价值评估法（Contingent Valuation Method，CVM），亦称意愿价值评估法。这一方法通过构建假想市场，揭示人们对产品

或服务改善措施的最大支付意愿，或对产品质量恶化的最小补偿意愿。与市场价值法和替代市场价值法不同，CVM 不是基于可观察到的或预设的市场行为，而是基于被调查对象的回答（葛颜祥等，2009）。Davis（1963）首次应用 CVM 方法研究了美国缅因州一处林地的游憩价值，成为评估环境价值的滥觞。此后大量学者利用 CVM 估算环境资源的游憩和美学价值。从 20 世纪 70 年代开始，CVM 开始被用于评估各种公共物品及相关政策的效益。Randall 和 Stoll（1980）对假设价值评估法进行了理论探讨，并运用该方法对消费者的支付意愿进行了测量。在 1979 年和 1986 年，CVM 先后得到美国水资源部和内务部的认可，被作为资源评估的基本方法之一写入法规（Mitchell 和 Carson，1989；Wattage，2001）。20 世纪 80 年代，CVM 研究被引入欧洲。从目前的应用情况看，CVM 是可以用来评估环境物品和服务的非使用价值的唯一方法（焦扬和敖长林，2008）。

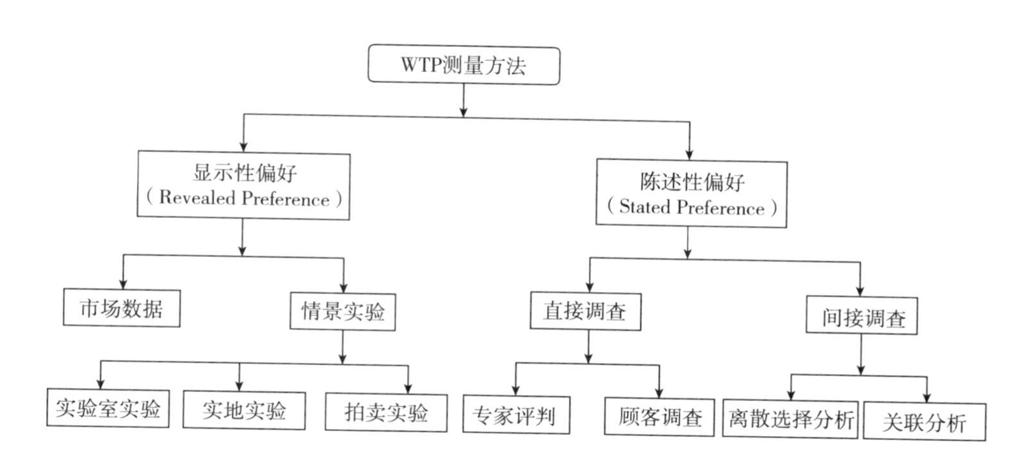

图 2－2 WTP 的测量方法类型

经过 20 多年的研究，该方法已经趋于完善，并在美国广泛应用于测量消费者对低残留食品的支付意愿，比如 Boccaletti 和 Nardella（2000）的研究表明，消费者愿意为农药低残留蔬菜支付更高的价格，并估计了消费者的安全食品支付意愿（Umberger 等，2002）。随着 CVM 法在生态和环境经济价值评估中的日益广泛应用，其数据调查和统计分析方法也日臻完善（李金平和王志石，2006）。CVM 的问卷格式已由早期的连续问卷格式发展为连续问卷格式和离散问卷格式两大类。在 CVM 的发展过程中，研究者在注意到被调查者对“是”或“不是”的回答比要他们直接说出最大支付意愿更能模拟市场定价行为，而开始在研究中采用封闭式二分式选择问卷格式。封闭式二分式选择问卷格式是由 Bishop 等（1979）引入到学术研究中的，但是得到广泛应用方法设计是由哈尼曼建立的二分式问卷选择与支付意愿之间的函数。目前，CVM 的分析方法已从早期的单边界约束，发展到现在的多边界、多目标、多阶段的支付意愿的研究。随着研究方法的发展，CVM 研究范围也不断扩大并广泛地应用于评估环境改善的效益和环境破坏的损失。自 Randell 等（1974）第一次将条件估值研究方法应用于基于环境质量改善的研究以来，有关环境恢复和环境改善方面的条件估值研究文献逐年增多。近年来，有关 CVM 的应用研究主要是评估水质改善、湿地恢复、石油泄漏、自然区域保护、健康风险减少、流域生态系统服务恢复等的价值评估，以及环境物品条件价值评估的公平性研究等。

近年来，国内学者也开始涉足这一研究领域，研究方法上各不相同。比如，一些学者运用 Logistic 回归模型方法对消费者安全农产品购买意愿和购买行为进行了数量分析。王志刚等（2007）利用该方法对北京市海淀大学区消费者对禽类食品安全的 WTP 和 WTA 进行了实证研究，并计算了该地区消费者 WTP 和 WTA 的具体金额。虽然对 CVM 的准确性存在争议，但这一方法正被越来越广泛地应用于评估物品的使用价值和非使用价值，是近几十年来国外生态与环境经济学中最重要和应用最广泛的关于公共物品价值评估的方法（徐中民等，2003）。此外，曾寅初等（2008）对北京市的消费者对月饼添加剂的支付意愿进行了研究，并运用分层线性模型（Hierarchical Linear Models）分析了消费者的支付意愿。戴晓霞（2009）对浙江省瑞安市塘下镇农村居民改进生活垃圾管理的支付意愿进行了探讨，实证分析了居民为改进生活垃圾管理的支付愿意及其影响因素。

通过对学者的研究方法进行总结可以发现，国内学者在研究方法上主要是采用 Probit 或 Logit 等传统的回归分析方法（周应恒等，2004；童晓丽，2006；张晓勇等，2004）。虽然也有学者运用其他方法进行了研究，但是运用假设价值评估法研究消费者的支付意愿并对样本偏差进行修正的分析还不普遍。

二、支付意愿的研究进展

国外学者对食品安全的 WTP 的研究起步较早，方法上趋于成熟，取得的成果也相对丰富。国外学者对支付意愿的研究对象主要是不同的食品，包括对转基因类食品、肉制品、有健康风险的食品等进行了实证分析。很多学者对转基因类食品的支付意愿进行了研究，如 Pierre 等（2006）通过电话采访的方式对美国消费者对转基因食品的态度和支付意愿进行了研究，发现有 66% 的被访者表示接受转基因食品，而不接受的消费者主要是出于对健康风险的担忧，如果政府能够在保证食品安全方面起到有效的作用，将会有更多的消费者接受转基因食品，并愿意为此支付更高的价格。Kaneko 等（2007）运用实验拍卖法（Experimental Auction）也对日本消费者的转基因食品支付意愿进行了估计，研究结果表明，日本消费者由于对健康风险的认知程度不同而对转基因食品表现出不同的支付意愿，其中愿意支付的消费者希望转基因食品能有37% ~ 44% 的折价才肯购买。另外，一些学者实证分析了居民常消费食品的支付意愿。Bai 等（2005）对中国青岛市消费者液态奶制品的支付意愿进行了研究，指出消费者的收入对安全奶的支付意愿有显著影响。他们指出了随着我国经济水平的发展和人们生活水平的提高，对安全奶制品的消费需求会不断增加，消费者也愿意为安全奶制品支付更高的溢价。为了研究营养标签对支付意愿的影响，Loureiro 等（2006）对欧洲的消费者进行了实证研究。结果表明，消费者对贴有营养标签食品的平均支付意愿比没有贴营养标签的食品愿意多支付 11% 的价格。该研究结果还强调，消费者是否遭受过与饮食有关的健康问题会影响消费者的支付意愿水平。

还有一些学者对有健康风险食品的支付意愿进行了积极探讨（见表 2 - 1）。Shin 等（1992）通过对依阿华州立大学学生的食品安全支付意愿进行了研究。结果表明，安全食品与被沙门氏菌污染的食物相比，该校学生愿意多支付 22 美分购买更安全的食物。对于同样的消费群体，Fox 等（1995）在对美国的阿肯色州、马萨诸塞州、加利福尼亚州在校大学生的调查研究发现，大学生对含有低污染风险猪肉三明治的支付意愿为 0. 5 ~ 1. 4 美元。Buzby 等（1999）所做的调查发现，消费者愿意为减少施用农药的葡萄平均每磅多支付 0.19 ~ 0.69 美元。Nayga 等（2006）运用单阶二分选择法（Single – Bounded Dichotomous Choice Experiment）和半双阶二分选择法（One – Half Bounded Dichotomous Choice Experiment）对低疾病风险的食品的支付意愿进行了分析，发现消费者一旦被告知所购买食品是经过放射消毒的，就会表现出较高的支付意愿。

表 2 – 1　国外对支付意愿研究的最新文献总结

文献	对象	方法	调查地	样本量	结论
Zaikin 和 McCluskey J.（2013）	苹果	二分条件价值评估法（Dichotomous – Choice CVM）	乌兹别克斯坦	400	调查者对功能性苹果的支付意愿为普通苹果价格的 94%
Xu 等（2013）	辽河	条件价值评估法（CVM）	辽宁盘锦	226	辽河的生态补偿标准是 160.72 元/年
Shi 等（2013）	蓝莓	等级贝叶斯方法（Hierarchical Bayesian Approach，HBA）	美国的东北和东南区	772	本地所产蓝莓比美国产更受欢迎，消费者对有机蓝莓的支付意愿超过普通蓝莓价格的 50%
Dannenberg 等（2011）	转基因食品标签	实验拍卖法（Experimental Auctions）	德国慕尼黑	161	慕尼黑居民偏好于非转基因食物，居民对转基因食物的支付意愿远低于非转基因食物
Yue 等（2011）	植物标签	实验拍卖法（Experimental Auctions）	明尼苏达大学	90	平均而言，消费者对非入侵型植物标签的支付意愿为 0.35 美元，相对于入侵型标签，消费者在其降价 1.01 ~ 1.66 美元时愿意支付
Jin 等（2011）	品牌价值	随机效应模型（Random Effects Modle）	加利福尼亚、田纳西和以色列	499	消费者对新电子品牌有强烈的偏好和较高的支付意愿，其次是衣服和其他加工食品，支付意愿最低的是新鲜农产品
Groote 等（2010）	玉米	实验拍卖法（Experimental Auctions）	肯尼亚	500	农户愿意为强化型玉米的支付意愿是其价格的 24%，这高于黄玉米品种的支付意愿

续表

文献	对象	方法	调查地	样本量	结论
Hartl 和 Herrmann R.（2009）	转基因菜籽油	多元回归模型（Multinominal Logit Model）	德国	1556	消费者对转基因菜籽油和有机菜籽油的支付意愿分别为传统菜籽油价格的 -124.3% 和 89.3%
Gao 等（2009）	原产地标签	选择实验法（Choice Experiments）	美国曼哈顿	550	低收入的单身人群比婚后高收入家庭对食品标签的信息更加敏感，其支付意愿也显著低于婚后的高收入家庭
Kallas 等（2007）	农业多功能性	选择实验法（Choice Experiment）	西班牙	401	市民对农业多功能性的认识是多样的，其支付意愿受到价值观的影响
Elbakidze 等（2013）	动物福利	开放式选择实验法（Open Ended Choice Experiments）	美国	164	用支付意愿价值法估计单一产品会低于总需求，而使用开放式选择实验将避免这一问题
Bai 等（2013）	牛奶	基于选择的联合实验法（Choice - Based Conjoint（CBC）Experiment）	西安、武汉、沈阳和厦门	803	城市消费者对可追溯牛奶有强烈需求，但这一偏好与可追溯牛奶的认证问题显著相关，消费者对政府认证的可追溯牛奶的支付意愿最高，其次是行业协会和第三方
Vestal（2013）	牛肉	效用价格模型（Hedonic Model）	美国	358	动物的后代差异、测试信息和超声信息显著影响消费者对牛肉的支付意愿
McIntosh 等（2013）	农业保险	概率回归（Probit Regression）	埃塞俄比亚	2399	农户对农业保险的支付意愿在陈述和实际购买行为方面完全不相关，那些投入边际回报较高的农户陈述说其将购买农业保险，事实上只有低边际回报的农户才会真正购买
Shi 等（2013）	橘子汁	开放式估值法（Open - Ended Contingent Valuation）	北京、上海、深圳和郑州	1186	交叉价格效应和相邻价格效应都对支付意愿产生显著影响

续表

文献	对象	方法	调查地	样本量	结论
Petrolia 等（2013）	湿地保护项目	二元选择模型（Binary－Choice Modle）	美国路易斯安那州	3464	对湿地保护项目的支付意愿为每户1000美元，这实际上是一种一次性收税，其中对资源使用者而言其愿意持续支付。总的支付意愿为86万亿美元，远高于最近估计得出的保护成本的1000亿美元
Yang 等（2013）	野牛肉	区间截尾模型（Tobit 和 Interval Censored Models）	伊利诺伊州、印第安纳州、肯塔基州和田纳西州	2644	消费者对野牛肉营养知识的不同成为其支付意愿处于不同层次的主要原因
Lu 等（2013）	鸡蛋	选择实验法（Choice Experiment）	加拿大	384	消费者愿意为散养鸡蛋多支付一定的溢价，而不愿为笼养鸡蛋多支付
Menapace 和 Raffaelli（2013）	冰淇淋	田间实验法（Field Experiment）	意大利	9865	消费者行为受到低碳排放的正向影响，其平均支付意愿较低，仅有0.1欧元
John 和 Julie（2013）	野生墨西哥猫头鹰基金项目	二分选择条件估值法（Dichotomous Choice Contingent Valuation Method）	亚利桑那州、科罗拉多州、犹他州和新墨西哥州	684	发现标准 Probit 和考虑空间因素的 Probit 模型对支付意愿的估计之间相差17美元
Illichmann 和 Abdulai（2013）	有机食品	选择实验法（Choice Experiment）	德国	1182	消费者对有机苹果和牛奶的偏好是显著不同的，女性对有机苹果和牛肉的支付意愿显著高于男性
Elabed 和 Carter（2013）	棉花保险	田间实验法（Field Experiments）	马里的南部	331	需要指数保险的农户其支付意愿平均高于期望理论的预测
Alphonce 等（2013）	食品安全	拆分样本支付意愿调查法（Split－Sample Willingness To Pay（WTP）Survey）	美国东北部	864	当消费者作为一个投票者而不是消费者时，其对改善食品安全餐馆的支付意愿要高一些

续表

文献	对象	方法	调查地	样本量	结论
Animashaun 等（2013）	辣木产品	有序回归模型（Ordered Logistic Regression（OLR）Model）	尼日利亚夸拉州	120	调查者愿意为辣木产品支付5%的溢价以获得较高的营养收益，其支付意愿受到产品收益的认知、受教育程度和职业的显著影响
Cerroni 等（2013）	不同农药残留的苹果	最佳最差支点选择体验（Best – Worst Pivot Choice Experiment）	意大利特兰托省	797	调查者所处的风险现状（Status Quo）低于其主观估计时，支付意愿会偏高，也即存在方案调整（Scenario Adjustment）现象
Xie 等（2013）	三种类型的橘子汁	实验性拍卖和实物选择实验法（Experimental Auctions 和 Real Choice Experiments）	长沙	203	真实选择实验情况下的支付意愿高于拍卖实验，购买动机对选择实验方法没有影响，仅对拍卖实验有显著影响。购买动机仅对非新型产品有效果，对新产品不产生效果
Katare 等（2013）	纳米包装食品	跟踪技术和实验拍卖法（Eye – Tracking Technology 和 Experimental Auctions）	明尼苏达州	106	纳米技术信息对调查者对纳米包装沙拉和苹果酱的支付意愿产生正向影响，消费者对纳米技术标签注视时间越长其越可能支付

与国外学者对食品安全需求的支付意愿和消费行为的研究相比，国内学者在这方面也进行了探讨，并取得了一些有价值的成果。有关 WTP，国内一些学者实证分析了消费者对于不同产品的参与或支付意愿，主要有王志刚、曾寅初、周应恒、侯守礼、钟甫宁、张晓勇、周洁红、杨万江等人的研究。王志刚等（2006）通过对在北京市海淀区超市购物的570多个消费者进行调查采访，发现消费者对 HACCP 认证的平均支付意愿为超过正常价格0.13元的额外费用，且这种支付意愿受到价格、信息、风险意识、受教育程度和知识水平等因素的影响。同样是消费者分析，周应恒等（2006）针对消费者存在对食品安全的潜在需求但没有转变为实际购买这一现象，以低残留青菜为例对江苏省城

市消费者的消费行为进行了研究。结果发现，消费者对低残留青菜中食品安全的平均支付意愿为2.68元/斤，其价格溢出比例为335%，并强调信息不对称是造成食品安全市场失灵的症结。

侯守礼等（2003）通过对上海300个家庭关于转基因食品支付意愿的分析，发现消费者更倾向于购买非转基因食品，而当转基因食品的平均价格比非转基因食品低28.55%时消费者才会购买。钟甫宁等（2004）也对转基因食品进行了研究，其对南京市的消费者进行了调查，结果发现南京市消费者对转基因食品负面信息的敏感性高于正面信息，尤其是年龄、性别和受教育程度等均会对消费者的消费决策产生影响。王恒彦和卫龙宝（2006）根据对杭州市消费者的抽样调查，实证分析了消费者对安全食品的认知过程、情感过程和意志过程，并测算出目前消费者普遍能接受的安全食品价格相对于一般食品的提价幅度为10%～25%。张晓勇等（2004）则研究了天津消费者对安全农产品及转基因食品的认知情况和支付意愿，并应用Logistic回归模型分析了消费者的担心程度、性别、年龄和受教育程度对安全农产品购买意愿和购买行为的影响。周洁红（2004）使用了与张晓勇相同的方法对浙江省城镇居民对蔬菜安全的态度认知和购买行为进行了研究。他发现，消费者的学历、家庭结构及对蔬菜安全的担心程度显著影响支付意愿。杨万江和李剑锋（2005）也对浙江省城镇居民安全农产品的购买选择行为进行了研究，分析指出消费者的学历、家庭人均月收入、农产品安全关心程度、安全农产品指标知晓性这四个因素是影响消费者安全农产品购买的主要因素。杜姗姗（2010）运用Logit模型对呼和浩特市和林格尔县的消费者安全液态奶的支付意愿及其影响因素进行了实证分析，发现消费者愿意为安全液态奶多支付29.33%的价格。

综上所述，目前学者的研究主要集中在安全农产品方面，研究对象涉及有机蔬菜、牛奶、转基因食品等。但是学者的研究还存在以下不足：一是定性分析多，定量分析较少。学者的研究多是对消费安全产品的认知和影响支付意愿因素的分析，但是对具体产品支付意愿的测量还相对较少。二是样本数据缺少处理。已有研究几乎没有对样本的偏差问题进行处理，这将导致对消费者支付意愿的研究不够准确。为避免这一问题，本研究采用赫克曼备择模型进行样选择偏误的修正，避免样本偏差导致的估计结果偏误这一问题。三是缺少不同样本设计之间的比较分析，由于不同的样本设计和调查方案将导致消费者的策略行为，因此为了避免这一现象需要对比不同问卷设计得出的消费者支付意愿。鉴于此，本书在研究过程中，将封闭式问卷和开放式问卷中消费者的支付意愿进行对比，以避免问卷设计导致的分析结果缺乏可靠性等问题。四是理论分析存在难以解释的现象。以往研究多采用期望效用理论，但这一理论在解释消费者的支付意愿和补偿意愿时存在自相矛盾的地方，因此本研究在分析中利用前景理论解释 WTA/WTP 不对称现象的发生及其内在机理，弥补了期望效用理论的缺陷和不足。

三、补偿意愿的研究进展

与支付意愿的研究相比，学者对补偿意愿的研究相对较弱，研究领域也相对集中，主要是对环境、土地等公共资源进行价值评估和政策制定。张雄和张安录（2009）运用基于分层随机抽样的条件价值评估法对湖北省城乡生态经济交错区各类型农地单位面积总价值进行了测算，结果表明忽视生态经济当中的非市场价值容易导致环境等公共物品的价值偏低从而影响现实解释力。随着城乡用地矛盾的凸显，宅基地流转问题已引起政府和学术界的广泛关注。许恒周（2012）利用 CVM 法和 Tobit 计量模型研究了山东省临清市农户退出宅基地的补偿意愿，这一研究为完善农村宅基地流转及退出政策提供了有益政策参考。李海鹏（2009）运用参与性农户评估方法和条件价值评估法研究了西南少数民族聚居地区农户对退耕还林工程的认知度和补偿意愿，并根据当地农户的补偿意愿提出了补贴延长期巩固退耕还林工程的政策建议。彭志刚等（2012）研究了湖南典型地区农户耕地保护补偿意愿，指出当前的耕地保护工作必须进行经济补偿激励，以补充农户耕地种植收入的不足从而满足农户生活的需要。同样是对耕地的研究，高汉琦等（2011）研究了不同情景下的耕地生态服务功能变化过程，并采用条件价值评估法中支付卡方式调查了农户对耕地生态效益的 WTP 和 WTA，研究发现受访农户的平均 WTP 和 WTA 随假设生态环境的恶化而逐步提高。

随着环境问题的日益加剧，生态补偿意愿与支付水平逐渐成为研究的热点问题之一。葛颜祥等（2009）对黄河流域山东省居民的生态补偿意愿和支付水平做了实证分析，研究发现当地农户有一定的环境意识和生态补偿意识，但这种意识还需加强和提高。王艳霞等（2011）在调查冀北地区农户生态补偿意愿的基础上，对农户的补偿意愿进行了量化，运用生态补偿分担率计算模型研究了农户的生态补偿意愿。杨光梅等（2006）选用锡林郭勒草原为案例区域，通过入户调查及在那达慕大会集中调查相结合的方式，研究了该地区牧民对禁牧措施的态度和补偿意愿，分析结果显示53%的牧民愿意参加禁牧，而不愿意参加禁牧主要是由于补偿标准不合理引起的。徐大伟等（2012）在分析现有流域生态补偿标准测算方法的基础上，运用条件价值评估法对辽河流域居民的WTP和WTA进行了测算分析，通过同时测量受访者的WTP和WTA并进行平均值处理，较为真实地反映了受访者的实际支付意愿和补偿意愿，从而在一定程度上避免了单独测量导致的补偿金偏高的问题。

随着水资源和耕地约束的日益严峻，一些学者将研究对象从环境等公共物品逐渐转移到这些物品的价值评估和意愿补偿上。为研究节水灌溉技术的成本是否超出我国农户的理性支付能力以确定是否需要合理的补贴予以激励，刘军弟等（2012）探讨了构建不确定状态下政府对节水灌溉技术的支付意愿函数和农户对节水灌溉技术的补偿意愿函数。陈志刚等（2009）探讨不同地区农户对耕地保护补偿标准的意愿，并对其影响机理进行理论探讨和实证检验。研究发现，农户对耕地保护补偿标准的意愿相对较低，其中经济发达地区的农户对补偿标准的要求要明显高于经济欠发达地区。刘亚萍等（2008）依据环境经济学的理论原理，采用平均值估计和多重线性对数模型分别推算出黄果树风景区的WTP（90.52元/人）和WTA（175.06元/人）。周丽旋等（2012）研究了生活垃圾焚烧设施对周围居民接受设施选址的补偿意愿，结果发现，垃圾焚烧设施受到公众的普遍关注并具有强烈的“邻避效应”。陈艳华等（2011）利用福建省16个县1436户农民的问卷调查数据从农民被征地意愿、意愿补偿方式和意愿补偿价格三个角度深入调查农民补偿意愿的现状，并从被征地农民个体之间的需求差异性出发定量分析了影响农民补偿意愿的影响因素、作用机制及不同区位不同类型之间影响因素的差异性。张雷（2012）在对井研县土地利用特点及其耕地生态现状所面临困境分析的基础上分析了受访农户参与耕地生态保护的意愿并测算其意愿接受的耕地生态补偿额度、市场增值价格。赵

晓光（2011）以广东省韶关市新丰县水源区居民的补偿意愿进行了具体调查与分析，详细地评估了水源区居民补偿意愿。该研究从水质资源有偿使用的各利益相关方角度出发设计了一套包含国家监管体制、需水方支付制度、供水方获益制度和多方参与协调机制四个方面的水质资源有偿使用制度。

四、支付意愿与补偿意愿的影响因素

（一）支付意愿的影响因素

支付意愿作为消费者为改善食品安全或其他公共服务而愿意支付的价格，受到多种因素的影响。这些影响因素不仅受到消费者自身因素的制约，如年龄、性别、婚姻状况、学历、家庭结构、收入、居住地、对安全食品的认知程度、受教育程度、信息和知识等，也受到社会经济因素、消费环境和政治制度的影响。根据不同的标准可以对这些因素做不同的分类，根据学者已有的研究可以把这些因素分为认知因素（消费者对安全产品的感知，以及对产品质量安全的信任程度）、人口统计学因素（性别、年龄、受教育程度、职业背景）和经济学因素（收入、价格等方面），如表2－2所示。

表2－2　2010～2013年国内支付意愿影响因素研究的文献总结

作者	研究内容	研究方法	影响因素
吴林海等（2010）	消费者对可追溯食品的支付意愿	Logistic、Interval Censored模型	正相关：对食品安全的忧虑程度、收入、消费者对可追溯食品的态度、认知 负相关：消费者的年龄、学历
罗丞（2010）	消费者对安全食品的支付意愿	开放式单阶二分式选择法，双槛模型（Double Hurdle Model）	正相关：个人收入、年龄、消费者关于安全食品对健康和环境的利益的信念，对安全食品的态度和主观规范 负相关：道德规范、居住城市、年龄
靳乐山和郭建卿（2010）	西双版纳纳板河流域城乡居民对纳板河自然保护区的环境保护支付意愿	CVM	正相关：文化程度、收入 负相关：年龄、性别、职业
王怀明等（2011）	消费者对食品质量安全标识的支付意愿	实验模型（CE）	正相关：可追溯标识 负相关：产品品质

续表

作者	研究内容	研究方法	影响因素
黄丽君和赵翠薇（2011）	贵阳市居民保护森林资源的支付意愿	CVM	正相关：性别、家庭月收入、学历 负相关：是否为森林资源筹措资金、是否参加环保社团和是否有过森林旅行经历
于文金等（2011）	太湖居民对湿地生态功能恢复的支付意愿	Ordered Probit 模型	正相关：职业、消费水平 负相关：高收入、受教育程度
于洋和王尔大（2011）	辽宁省盘山县农户对水稻保险的支付意愿	用 Cox 比例风险模型和概率单位分析法	正相关：水稻生产专业化程度、家庭年纯收入、近 5 年水稻减产的最大经济损失、对保险重要性的认知程度 负相关：务农年限、投资风险偏好
周应恒和吴丽芬（2012）	南京市消费者对低碳农产品的支付意愿	CVM	正相关：风险认知、收入、受教育程度 负相关：家庭人口、价格
文首文和魏东平（2012）	游客对旅游地教育服务的支付意愿研究	CVM	正相关：游客的年龄、婚姻状态、学历、职业、收入，旅游地游客教育水平 负相关：年龄、职业
刘海凤等（2011）	城市居民对低碳电力的支付意愿	CVM，单边界两分式调查方法	正相关：家庭收入、家庭人口数、用电量、是否参加慈善活动及支付方式 负相关：投标值
余建斌（2012）	消费者对不同认证农产品的支付意愿	Logistic 模型	正相关：消费者的家庭结构、收入水平以及对农产品质量安全的关心程度 负相关：年龄、家庭规模、对绿色产品的认知
章家清和周超（2012）	消费者对征收烟草消费税的支付意愿	CVM，二元 Logit 模型	正相关：居住地区、个人收入、烟草月消费量 负相关：年龄、家庭成员（老人、儿童、孕妇等）
张眉（2012）	广州市、福州市、昆明市居民公益林生态效益支付意愿	Logit 模型	正相关：月收入、受教育程度、户外锻炼时间、是否了解公益林、是否关注环境问题

续表

作者	研究内容	研究方法	影响因素
屈小娥和李国平（2012）	陕北地区居民对改善生态环境的支付意愿	CVM，开放式双边界二元选择法	正相关：居民受教育程度、收入水平及对环境问题的认识态度
唐学玉等（2012）	江苏省农户对控制农业面源污染的支付意愿	Probit 和 Tobit 模型	正相关：家庭收入、态度、主观规范 负相关：环境认知能力、地区虚拟变量
何可等（2013）	湖北省农户对农业废弃物资源化生态补偿的支付意愿	Binary Logistic 回归模型	正相关：性别、环境知识、对环境的依赖程度 负相关：农业收入占比、对环境状况的评价
西爱琴和邹贤奇（2012）	四川生猪养殖户对获取能繁母猪保险的支付意愿	CVM	正相关：年龄、性别、家庭总人口、家庭总收入、养殖收入 负相关：非养殖收入
田苗等（2012）	湖北武汉居民对绿色生态补偿的支付意愿	Logit 模型	正相关：职业、文化程度、收入水平和认知度
李彧挥等（2013）	农户对政策性森林保险的支付意愿	Cox 比例风险模型	正相关：家庭规模、土壤产量、林地面积、对森林保险的重视程度 负相关：年龄、水土流失状况、受灾次数、是否参加过其他保险、地区变量

第一，认知因素。王志刚（2003）对消费者食品安全认知和购买行为的主要影响因素进行了解析，其结果表明，消费者现在的食品安全关心度与绿色食品认知度呈正相关关系。彭晓佳（2006）对江苏省城市消费者食品安全支付意愿的研究发现，消费者的风险感知程度显著地影响消费者的支付水平，消费者对健康风险的认知程度越高，越有可能购买安全的食品，也愿意为安全食品支付更高的价格。周洁红（2004）研究了浙江省城镇居民消费者对蔬菜安全的态度认知和购买行为，强调消费者对蔬菜安全的担心程度显著影响支付意愿。董玲和王鹏（2010）利用对四川省眉山市夹江县的调研数据也证明了被调查者的认知程度对支付意愿产生一定的影响这一结论。但是，也有学者的研究发现，消费者对安全食品的信任程度在一定程度上会影响其支付意愿和支付

水平（王锋等，2009）。

第二，人口统计因素。戴迎春等（2006）运用有序 Logit 模型对南京市消费者有机蔬菜购买行为和支付意愿进行了调查，发现性别、年龄、受教育程度等个体特征对消费者的支付意愿产生影响。周应恒等（2004）通过描述性统计分析的方法分析了消费者关心的食品安全问题，其研究发现，女性比男性更乐于接受较高的价格。因为女性负责家庭的日常饮食生活的概率高于男性，她们对食品安全的风险意识与责任感更强，因而其支付意愿也更高（刘军弟等，2009）。另外，学历较低的消费者一般倾向于不接受高价或者只愿意接受小幅高价，而高学历者更倾向于购买高价的可识别的安全食品。如钟全林和彭世�（2002）以井冈山林区区域内的常住居民为对象，调查了其对保护生态环境价值的支付意愿，发现其支付意愿的大小受到年龄、性别、受教育程度、职业、家庭人均收入方面的综合影响。

第三，经济学因素。不同收入水平的人有不同的风险偏好，风险处理的方式也不尽相同，因而会影响到消费者的支付意愿（修凤丽，2008）。王志刚等（2007）利用北京市海淀区消费者对禽类食品安全的支付意愿的调查数据，通过分析发现，收入对消费者的支付意愿有显著的影响。其中，收入水平高和从事全职工作的消费者支付意愿较高。吴林海等（2010）基于实证而尝试性地应用 Interval Censored 分析工具探索了我国消费者对可追溯食品额外价格支付水平的影响因素，结果表明，收入水平正向显著影响了消费者对可追溯食品支付不同额外价格水平，这一结果与许多食品安全支付意愿的研究是一致的（曾寅初等，2008；周应恒等，2006）。

（二）补偿意愿的影响因素

与支付意愿相同，补偿意愿具有与支付意愿相似的影响机理，在影响因素方面也十分复杂和多样化（见表 2-3）。如刘雪林和甄霖（2007）运用条件价值法的理论对黄土高原泾河流域村民的生态服务产品消费和补偿意愿做了实证研究，发现村民的补偿意愿与退耕地面积、养羊数量、收入水平密切相关，其中耕地面积越多的农户往往具有相对较强的生态环保意识。葛颜祥等（2009）对黄河流域山东省居民的生态补偿意愿和支付水平的实证研究发现，受教育年限越长、收入水平越高，居民的生态补偿意愿越强，而年龄及性别因素对居民

生态补偿意愿及支付水平的影响较弱，从性别方面来看，女性的生态补偿意愿要高于男性。张雷（2012）在对井研县耕地生态现状所面临困境分析的基础上，借助多元线性回归模型分析了造成农户接受补偿额度高低差异的影响因素，这些影响因素主要包括家庭人口数、性别、年龄、文化程度、家庭全部收入、家庭农业收入及承包耕地面积。杨光梅等（2006）运用条件价值评估法研究了内蒙古锡林郭勒草原牧民对禁牧措施的态度和补偿意愿，分析显示，牧民对禁牧的支持态度与牧民的收入和草地面积正相关，与养羊数量负相关，牧民的补偿意愿由牧民养羊数量、受教育年限、草地现状以及对禁牧政策的支持程度决定。

表 2－3　部分受偿意愿的研究文献总结

作者	研究内容	研究方法	影响因素
钟全林和彭世揺（2002）	井冈山林区生态公益林价值补偿意愿	多元线性模型	正相关：性别、是否在林区、学历、职业、年均收入 负相关：年龄
杨光梅等（2006）	锡林郭勒草原地区牧民对禁牧措施的态度和补偿意愿	Probit 和 Logit 模型	正相关：养羊数量、受教育年限、草地状况、禁牧意愿
孔祥智等（2006）	东、中、西部地区失地农民土地征用补偿意愿	线性对数模型，Logit 模型	正相关：所在地区、是否有外出打工或经商经历、家庭劳动力非农就业比率、征用面积 负相关：征地过程中的知情程度、家庭收入、剩余土地面积
刘雪林和甄霖（2007）	黄土高原泾河流域上游固原市的两个村落利益相关者对生态服务产品的补偿意愿	多元线性模型	正相关：退耕地面积、家庭人口数 负相关：收入水平、养羊数目
张翼飞（2008）	上海居民对景观内河生态功能恢复的支付意愿和补偿意愿	CVM	正相关：收入水平、教育水平、环境改善对生活的重要性、户籍因素 负相关：居住年限、对政府的信任程度

续表

作者	研究内容	研究方法	影响因素
葛颜祥等（2009）	山东省黄河流域居民的生态补偿意愿	CVM，Logit 模型	正相关：受教育程度、收入、年龄 负相关：性别
陈志刚等（2009）	江苏省农户耕地保护的补偿意愿	线性模型	正相关：地区变量、家庭人均受教育年限、农户对耕地产权的认知 负相关：家庭保险拥有覆盖率、农户对征地的意愿
高汉琦等（2011）	河南焦作市农户对耕地生态效益的支付意愿（WTP）和补偿意愿	CVM	正相关：受教育程度、家庭年收入、家庭总人口 负相关：年龄
罗文春和李世平（2012）	陕西省关中地区失地农民的受偿意愿	Logistic 回归模型	正相关：家庭劳动力非农就业比率、土地被征收后家庭年收入、征地面积 负相关：征地知情状况、劳动力平均年龄、是否担任村干部、剩余土地面积
周丽旋等（2012）	广州番禺区居民对生活垃圾焚烧设施选址的补偿意愿	CVM，Tobit 模型	正相关：性别、受教育程度、年均收入 负相关：年龄、职业、居住条件
党健等（2012）	河南省义煤集团煤矿工人对工作危险减少概率的补偿意愿	CVM，双边界模型	正相关：投标值、受教育程度、工作条件 负相关：收入水平
许恒周（2012）	山东省临清市农户农民对宅基地退出的补偿意愿	CVM 和 Tobit 模型	正相关：年龄、外出务工年限、家庭农业收入占比、对宅基地政策是否了解 负相关：是否参加新农合或其他保险、区位变量、非农就业稳定性
刘军弟等（2012）	陕西省农户对节水灌溉补贴标准的补偿意愿	Logistic 回归模型	正相关：土地产权、农户对节水技术预期效果认可度、节水灌溉技术掌握难易程度、政策对农户的影响程度、补贴水平、信贷可获得性、产业预期 负相关：年龄、受教育程度、农户对现有灌溉的满意程度
张霞（2012）	山东省乐山市井研县农户对耕地生态的补偿意愿	CVM	正相关：家庭人口数、承包耕地面积、农业收入、年龄、文化程度、务农时间 负相关：家庭收入

随着城市化的推进，征地和耕地补偿问题逐渐引起学者的重视并展开了多样性研究。如罗文春和李世平（2012）利用陕西关中437户失地农民的调查数据分析了其补偿意愿，发现影响其土地补偿金额的显著性因素有非农就业比率、家庭收入在本村水平、土地被征收的面积、剩余土地的面积以及土地征收过程中失地农民被赋予的知情权。许恒周（2012）利用CVM法和Tobit计量模型研究了山东省临清市农户退出宅基地的补偿意愿，发现当地农户的外出务工年限、家庭农业收入占比、家庭供养系数、对宅基地政策是否了解及其在住房养老中的作用等变量对农户宅基地退出补偿意愿具有正向显著影响，而是否参加新农合或其他保险、区位变量、非农就业稳定性变量则对宅基地退出补偿意愿具有负面影响。高汉琦等（2011）利用条件价值评估法研究了河南省焦作市农户对耕地生态效益的WTA和WTP，受教育程度、地理区位和农户对支付工具的审慎态度显著影响其意愿水平。彭志刚等（2012）借助主成分分析法研究了湖南典型地区农户耕地保护补偿意愿的影响因素，发现农户的劳动力配置、农户耕地投入产出、农户耕地资源禀赋、农户耕地保护投入显著影响其补偿意愿，并根据研究结论提出了耕地保护的促进手段和激励机制。林依标（2010）利用福建省16个县1436户农民入户问卷调查数据研究了农民的征地补偿意愿，发现影响农民被征地意愿的主要因子按贡献度从大到小排序依次是征地前农地用途、就业能力、社会保障情况、失地面积比例、对农业的依赖程度、家庭中是否有人当过村干部、从事职业、地区人均GDP和征地年份。其中，地区人均GDP、失地面积比例和对农业的依赖程度与农民的被征地意愿呈负相关；征地年份与农民的被征地意愿呈正相关。陈志刚等（2009）实证研究了江苏省农户耕地保护的补偿意愿和影响机理，发现在影响农户耕地保护补偿意愿的诸因素中，地区差异、农户受教育程度及农户对征地的意愿发挥着比较显著的作用。这一研究为推进和落实农户耕地保护的经济补偿机制提供了借鉴与启示。

此外，也有一些学者对节水灌溉、垃圾处理和水源保护等问题的补偿意愿做了研究，并实证分析了具体影响因素。如刘军弟等（2012）构建了不确定状态下政府对节水灌溉技术的支付意愿函数，研究了关中地区大棚蔬菜种植户的节水灌溉技术的受偿标准，发现年龄、受教育程度、土地产权、对灌溉的满意程度和政策对农户的影响程度显著影响其补偿意愿和愿意接受的补贴标准。周丽旋等（2012）采用条件价值评估法对广州番禺居民对接受生活垃圾焚烧设施选址的补偿意愿进行研究，结果表明，垃圾焚烧设施的选址受到选址周围居民的收入水平、年龄等因素的明显影响。赵晓光（2011）以广东省韶关市新丰县为例研究了水源区居民的受偿意愿，该研究详细地评估了水源区居民补偿意愿的影响因素，发现补偿意愿与家庭管护森林面积、家庭收入正相关，而与个人学历和全村统一的补偿标准负相关。

第三节　支付意愿与补偿意愿差距的理论解释

理论和实践都证明，采用 CVM 评估相同的议题支付意愿和补偿意愿不一致，文献中亦被广泛接受。一般而言，WTA 值总是比 WTP 值大，也即存在策略性偏差（Strategic Bias）。WTP 和 WTA 的不一致受许多因素影响，如收入效应、替换效应、交易费用等（见表 2－4）。如徐大伟等（2012）以辽河流域为研究对象，通过运用条件价值评估法（CVM）对辽河流域居民的 WTP 和 WTA 进行了测算分析。结果显示，无论是利用参数估计法还是非参数估计法，得出的支付意愿和补偿意愿之间都有较大差距。然而，同意存在 WTP 和 WTA 之间的不同，一个需要回答的重要问题是 WTP/WTA 的差距是多少。依照 Hanemann（1991）的经验研究，对一个相同的日用品进行试验，WTP/WTA 之间的比值为 2.4～61 倍（Venkatachalam，2004）。国内外大量 CVM 的实证研究表明，WTA 与 WTP 之间存在不可忽视的差距，并且 WTA 大于 WTP，平均倍数在 2～10 倍（Veisten，2006）。Horowitz 和 McConnell（2003）综合分析了 45 篇相关研究文献后发现两者之间的比例均值为 7.17，最低比值为 0.74，最大比值为 112.67。WTA 与 WTP 之间的差距被 CVM 的批评者认为 CVM 理论无效的重要依据。因此，伴随着 CVM 的大量应用，对差距的研究在国际上尤其是西方国家广泛开展。

表 2-4　研究 WTP/WTA 之间差距的代表性文献

研究文献	研究对象	研究方法	主要结论
Coursey 等（1987）	蔗糖（Scrose Octa - Acetate）	实地调研（Field Survey Approach）	迭代竞价（Iterative Bidding）和认知悔悟（Cognitive Dissonance）会导致 WTA 与 WTP 出现偏差
Kahneman 等（1991）	代金券（Tokens）	维氏拍卖（Vickrey Auction）	损失规避、禀赋效应和现状偏见（Status Quo Bias）导致 WTP 与 WTA 出现差距
Rebecca 等（1992）	环境物品（Environmental Commodity）	实验室实验（Laboratory Experiment）	居民的道德责任和对环境的情感因素导致 WTP/WTA 之间出现差距
Shogren 等（1994）	糖果、咖啡杯等（Candy Bars，Coffee Mugs）	假想价值评估法（CV）	商品之间的替代效应会影响 WTP/WTA 之间的比率，这一比率随着替代率的上升而减小
Thomas（2003）	—	假想价值评估法（CV）	收入等级导致的福利差距使得 WTP/WTA 不一致，但两者之间的差距是有边界的
Simonson 和 Drolet（2004）	烤面包机（Toaster）	假想价值评估法（CV）	瞄准效应（Anchoring Effects）和禀赋效应（Endowment Effect）都是解释 WTP 与 WTA 出现差距的原因
Bernard 等（2005）	非正式医院护理服务（Informal Caregivers）	假想价值评估法（CV）	WTP/WTA 之间的比率处于 1.0 ~ 1.3，差别不显著的原因可能与调查设计导致的偏误有关
Guria 等（2005）	道路交通安全（Reduce Road Risks）	假想价值评估法（CV）	人们对待获得和失去的心理差距，以及希望通过回报来弥补损失的心理导致 WTP 与 WTA 的差距
Marcello 等（2006）	垃圾处理计划（A New Garbage Plan）	双边界 Logit（Double Bounded Logit Model）	环境保护的认知程度、收入水平显著影响居民的 WTP 与 WTA，企业的支付大于居民
Biel 等（2011）	世界自然基金会的环境保护项目（WWF Project）	真实交易的半双阶选择实验（Real - Money Dichotomous - Choice Experiment）	消费者对环境等公共物品的情感和道德因素导致了 WTP 与 WTA 不一致，这一差距在公共物品当中比在私有物品当中更大

总结已有研究对 WTA 与 WTP 之间差距的主要解释（赵军，2005；Carmon 和 Ariely，2000；Brown，2005），导致二者不对的原因主要包括收入效应和替代效应、损失规避、禀赋效应、调查与执行不当和其他因素五个方面。

一、收入效应和替代效应

WTP 受收入约束而 WTA 不受收入限制，收入弹性越小，差距越小；替代效应指若替代物越少，差距越大，如面对独一无二的自然景观，可能索取无限的货币补偿；而有紧密替代物的私人物品，WTA 与 WTP 会趋于收敛；较早给出这一解释的是 Shogren 等（1994）的研究，为发现 WTA/WTP 之间的区别，这一研究首先设计了一个非市场物品的一般性的实验。发现商品之间的不完全替代会导致 WTA/WTP 出现差距，当物品之间的替代越强时，两者之间的差距趋于减少。Horowitz 和 McConnell（2003）研究了 WTA/WTP 之间的差距并测算了收入弹性，认为 WTA/WTP 之间出现差距的原因之一是测试物品与对照物品之间的替代效应。在此基础上，Amiran 和 Hagen（2003）从一般化的代表性消费者出发，分别从经济学理论上阐述了 WTA/WTP 对公共物品和私有物品之间的差别，并指出导致这种差别的原因主要是消费者对公共物品和私有物品之间替代弹性不同。刘亚萍等（2008）采用平均值估计和多重线性对数模型分别测算了黄果树风景区的 WTA 和 WTP，得到 WTA/WTP 的比值为 1193/1126。通过分析探讨，认为引起该比值差的因素，主要有赋予效应与厌恶效应、收入效应与替代效应、模糊性与不确定性和赔偿效应等。

二、损失规避

人们厌恶损失，认为出售意味损失，购买意味得益，这也符合消费边际效应递减规律。对于损失规避来说，WTA 不是失去一个物品，而是失去一个物品内在的价值。对于 WTP 来说，规避者认为为一个物品支付更多是因为该物品值得。Brown（2005）一个重要发现是损失规避确实存在，但它不是以禀赋效应的形式进行表征。Guria 等（2005）对新西兰居民对交通风险的支付意愿和补偿意愿的实证研究发现，居民处于损失规避的心理而导致 WTA/WTP 之间的不一致。因为对于一个理性人而言，失去要比得到一个同样的东西所发生的心理变化大得多。张翼飞（2008）从 WTP 与 WTA 的福利经济学理论出发，在总结国际上对该问题理论和实证研究成果基础上，应用 CVM 调查居民对上海景观内河生态功能恢复的支付意愿和受偿意愿进行了计量分析并比较了 WTP 与 WTA 的实证差异。研究表明，收入差距、教育水平和户籍因素对 WTP 与 WTA 有显著影响，其中居民的收入水平与这种差距正相关。随着收入水平的提高，WTP 与 WTA 的差距会提高。这一现象符合“规避损失理论”的解释，按照一般消费理论，环境物品的消费属于“奢侈品”，在低收入居民效用函数中的权重小，随着收入增加权重增加，因此环境退化对高收入人群造成的损失高于低收入人群。

三、禀赋效应

Kahneman 等（1991）认为“禀赋效应”是偏爱的结果，一旦个人拥有了某个物品，如巧克力条、杯子，那么他们赋予该物品的价值就急剧上升。因此禀赋效应产生的必要条件之一就是“给被试拥有权而不是消费权”。Simon 和 Drolet（2004）对消费者展开的一项研究发现，其对某一商品的支付和受偿体现了不同的行为类型，特别是对自有资产禀赋的感知不同直接导致其受偿意愿和支付意愿的显著差别。Grutters 等（2008）研究 WTA 与 WTP 之间的差别，利用离散选择实验（Discrete Choice Expriment）研究了居民对一个有助于改善听力的设施的支付意愿和补偿意愿，发现其 WTA 是 WTP 的 3.2 倍。出现这种现象的原因是由于不同的居民所拥有的禀赋（Endowment）是不同的，如收入差距、社会资源等。

四、CVM 调查与执行不当

调查不当经常会引起选择性偏误导致 WTA 与 WTP 之间出现较大差异。高汉琦等（2011）利用条件价值评估法研究了河南省焦作市农户对耕地生态效益的 WTA 和 WTP 后发现了两者之间的差距，WTA/WTP 的平均值比值为 4.8，导致这种差距的原因是在不同情景假设。研究指出，受访农户对不同情景间耕地生态环境的对比可以制约支付意愿区间的大小，从而提高 WTP 整体的稳定性和准确性。

五、其他因素

其他因素包括适应性心理、谨慎消费以及信息差异等方面的因素。经济学理论的模型预测结果显示：支付意愿和受偿意愿的差异反映出收入效应、替代效应、损失规避效应等一般的经济理论，同时也反映出我国特殊的转型经济特征、政治体制问题和特殊的社会构成方式等。如党健等（2012）利用 CVM 对风险行业工人进行生命价值评估，结果表明：国际上报道的 WTP 与 WTA 之间的差异在我国同样存在，并且比值分布更为分散，均值更大。Carson 等（2012）认为，造成 WTA 与 WTP 差异的重要原因在于所有权。根据 Brookshire 和 Coursey（1987）的研究，在相似市场中的重复喊价会促使 WTP 和 WTA 之间的差距趋同，并且这种变化几乎都在 WTA 的一方完成。这表明，随着卖方获取信息量的增加其 WTA 会逐渐降低。孔祥智等（2006）对我国失地农民土地受偿意愿的研究发现，调查样本所获得的平均土地征用补偿与其支付意愿之间相差 5 倍，其原因除了征地制度本身的因素外，还在于失地农民所处的信息不对称导致其受偿意愿远高于其所获得的补偿，这种信息不对称的情况越严重导致的受偿意愿与所获补偿之间的差距越大。李金平和王志石（2006）通过研究澳门居民在 SARS 爆发前后对空气污染损失的 WTA 和 WTP 后发现，爆发前的平均支付意愿是 91.36 澳元，爆发后的平均受偿意愿为 346 澳元，后者是前者的 3.78 倍。造成这种差别的原因是被调查者在陈述意愿时存在低估环境价值的倾向，一部分居民对环境的真实价格难以理解和准确阐述。黄丽君和赵翠薇（2011）通过对贵阳市森林资源支付意愿与受偿意愿的调查、分析和计算，得出在不同的假设条件下人们的支付意愿和受偿意愿是不相同的。其原因是在不同的假设条件下家庭收入、筹措资金、性别和职业等因素的影响程度是不同的。Biel 等（2011）基于一个真实货币实验利用半二分选择实验方法研究了居民对于公益项目的支付意愿和受偿意愿，发现二者之间出现差别的重要因素是情感和道德认知。这一研究结论在国内也得到验证，如李斐斐（2011）从健康项目效率与公平问题出发分别研究了作为私人物品和作为公共物品健康项目的支付意愿和受偿意愿，发现对同一健康项目的受偿意愿并不是与支付意愿相等的，它们之间的差别包含了伦理和不确定性因素。

第四节　文献评述

WTA 与 WTP 不一致的现象引发了学者持续的研究兴趣，虽然经历了 40 多年的时间但这种热情仍然没有降低，学者运用多种研究方法计算了 WTA 与 WTP 的比率并探寻了其差别的原因。尽管已有研究得出了很多重要的结论和研究思路，但是这些研究要么是利用经济模型，要么是阐述政策设计，因而其实际效果并没有想象的大（Kahneman 和 Knetsch，1991）。已有研究存在两方面的局限，阻碍了研究范围的扩大和研究效果的实现。一是 WTA 与 WTP 的差异或者比率大多与实验特征有关。比如基于假设的货币支付、以学生作为实验主体或者消除一些不是激励相容的设问。根据这一认知，一些真实性实验比如利用真实货币支付或者激励相容的诱导性设问方法将能产生更低的或者更合理的结论。正如 Coursey 等（1987）在一个给定的实验环境当中对相同的群体进行反复试验，可以发现 WTA 与 WTP 之间的比率随着时间会逐渐接近的现象。如果在大规模的范围内进行实验，可以发现这种差异是不同的现象所导致的结果。二是已有研究缺少足够多的解释和覆盖不同行为模式的行为背景。比如，是不是那些具有较好替代率的商品更容易找到从而导致分析结论的局限性和偏差？很少有研究指出具有相近替代率的商品容易产生较低的 WTA 与 WTP 比率（Harless，1989；Shogen 等，1994），这方面的证据不仅存在而且可得。另外，为提供一个更接近真实世界的假象市场环境，比如对科学设定提问的方法和问题，以使被调查者真实地反映其内心世界和真实的消费行为。

第三章　理论基础与调查设计

第一节　理论基础

研究人类的行为尤其是消费者的行为一直都是社会科学和行为科学的一个重要目标。目前消费行为学领域中研究消费者行为决策的理论主要有三种：计划行为理论（Theory of Planned Behaviour，TPB）、期望效用理论（Expect Utility Theory，EUT）和前景理论（Prospect Theory，PT）。计划行为理论由 Icek Ajzen（1991）提出，这一理论认为个人的行为意向是影响行为决策的最直接因素，行为意向受到个人态度、主观认知和知觉行为控制三个方面的影响。计划行为理论在国外已被广泛应用于行为经济学领域的研究，并被证实可以显著提高对行为的解释力和预测力。这一理论的主要特点是认为人的行为决策严格符合逻辑形式，是理性人经过深思熟虑的结果，其决策模型框架如图 3－1 所示。

计划行为理论主要有以下五个方面的观点：①非个人意志完全控制的行为不仅受到行为意向的影响，还受执行行为的个人能力、拥有的资源以及现实机会等实际条件的制约。在实际条件比较充分的情况下，行为意向直接决定行为。②准确的知觉行为控制反映了实际控制条件的状况，由此一般将其作为实际控制条件的替代变量，有时可以直接预测行为发生的可能性（图 3－1 中虚

线所示)。③个体的行为态度、主观规范和知觉行为控制是决定行为意向的三个最主要的变量，如果态度越积极、获得的支持越大、知觉行为控制越强，那么其行为意向就越大，反之则越小（段文婷和江光荣，2008)。④个人特征以及社会经济因素（如年龄、性别、性格、智力、经验、教育年限等）通过影响行为信念间接影响行为态度、主观规范和知觉行为控制，并最终影响行为意向和行为。⑤行为态度、主观规范和知觉行为控制从概念上可完全区分开来，但有时它们可能拥有共同的信念基础，因此它们既彼此独立，又两两相关。

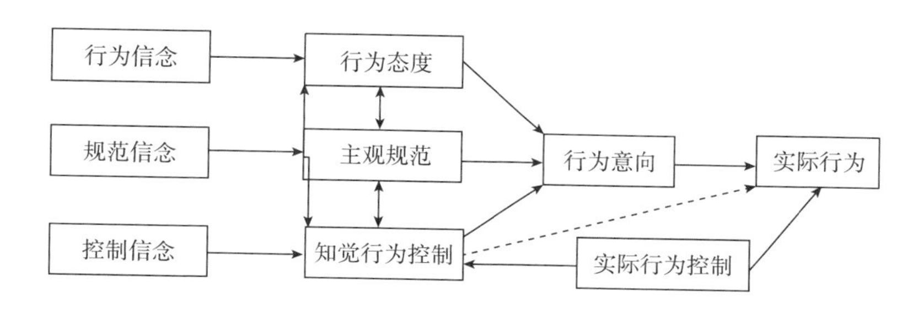

图3-1 计划行为理论结构模型

这一理论的主要缺陷是忽略了风险因素和信息因素对行为决策的影响。在食品安全领域，消费者暴露在食品安全风险当中，这种风险不仅隐蔽难以识别，而且危害巨大；同时，由于消费者做出食品消费行为在很大程度上受所拥有的信息的制约，这些信息既有主动获取的又有接受媒体或者其他来源的信息，忽略了信息对消费行为决策影响导致决策不科学和不理性，因此现有计划行为理论需要将消费者的风险认知、风险态度和信息因素纳入行为决策模型当中。

另一个研究人们行为决策模式的重要行为经济学理论是期望效用理论。期望效用理论由 Von Neumann 和 Morgenstern（1944）提出后，经 Savage（1953)、Arrow（1963）在20世纪60年代分别进行了卓有成效的研究，使得这一理论成为个人行为决策理论的经典。期望效用理论建立在四个假设公理之上，即传递性公理、连续性公理、复合预期公理和独立性公理。此外，这一理论还附加有边际效用递减假设，从而可以有效预测人们在不确定条件下的行为选择。假设决策者的初始财富是 X，其面临不确定性选择（X_1，P_1；X_2，P_2；…；X_n，P_n），当存在 $\sum P_iU(X+X_i)>U(X)$ 时，决策者有接受风险（X_1，P_1；X_2，P_2；…；X_n，P_n）的意愿。也就是说，当面临若干风险选择时，决策者会接受使得 $\sum_i^m \pi(p_i)v(x_i-v_0)>\sum_j^m \pi(q_j)v(y_i-v_0)$ 为最大的风险选择。

通过对该理论的决策机制分析，可以发现如下两个特点：①决策者在不确定情况下决策的依据是财富最终状态的效用期望，其对最终财富状态的依赖性较强，但却对财富的变化量没有给予足够的考量。②期望值是对大量的可重复的不确定性行为的特征描述，但是现实生活中的人，经常受到时间、能力和信息等各种因素的限制，难以对不确定性风险进行大量的反复实践。所以，由于受到风险实践次数和生命时间长度的限制，很有可能偏离理性的风险决策机制。几十年来，期望效用理论一直都是解释人们不确定情况下行为决策的主导的标准理论，但目前对期望效用理论的一致批评是其没能对个人行为选择提供足够的解释，大量的实证研究表明行为人经常违背期望理论的基本原理。很多经济学家基于上述特点通过经济实验对期望效用理论提出了一些质疑，其中最为著名的是“阿莱悖论”（Allais Paradox）。

一、前景理论

前景理论（PT）由 Kahneman 和 Tversky（1979）首次提出，这一理论打破了期望效用理论的理性人假设，将心理学的研究成果应用到经济学当中，将个人的主观感知和价值感受等因素融入决策当中。这一理论更多地考虑了决策者的心理、情感等非理性因素（王祖法，2007），并且认为人是有限理性的，在做出某项行为时受制于能力、资源和信息等因素而不能对每一行为做到最优和最科学，因此其更适合解释个人的日常行为决策，也更适合研究消费者对食品安全这种食品行为的具体表现。

卡尼曼通过观察决策者在不确定环境下的行为特征，发现人们的行为并不符合期望效用理论，甚至出现相互矛盾的现象。他将这些选择归结为三类现象：①确定效应：与确定性结果相比，人们倾向于低估概率性结果。确定性效

应导致决策者在面临收益时趋于风险厌恶，在面临损失时趋向于风险偏好。②孤立效应：决策者在面临多个选择时，会忽视各个选择的共同部分，孤立效应导致情景描述方式的不同引起不同的选择结果。③反射效应：在决策者面临正负收益的绝对值相等时，决策者的选择在正负前景中呈镜像关系（崔颖，2011）。

前景理论认为决策过程应当分为两个阶段，即编辑阶段和评估阶段。编辑阶段是决策者通过初步判断对各个方案的收益和概率进行简化，从而简单化行为决策。在简化决策过程中，决策者关注的不是最终的收益结果，而且自己的财富处于盈利还是处于损失。盈利还是损失是相对于决策者选择的参照点（Reference Point）而言的，参照点的设定与语言表述有关，卡尼曼对传染病的实验充分说明了这一点。评估阶段是决策者对编辑过的前景进行评估，然后选择估值最高的方案，方案的价值用价值函数 $v(x)$ 和权重函数 $\pi(p)$ 表述。假设方案的收益可以转化为货币收入，方案 A 包含各个事件发生的概率为 p_i，对应的货币收入为 x_i，方案 B 包含的各个事件的概率为 q_j，对应的货币收入为 y_j，参考点对应的货币值为 v_0，则当 $\sum_{i}^{m}\pi(p_i)v(x_i - v_0) > \sum_{j}^{m}\pi(q_j)v(y_j - v_0)$ 时选择方案 A 而不是方案 B。

前景理论有两个方面显著区别于期望效用理论。①决策者更关心的不是财富本身的最终值（x），而是财富相对于参照点的变化（Δx），因此使用价值函数 $V(x)$ 描述人们对财富变化量的反应（见图 3－2）。②与期望效用理论使用客观概率来加权效用不同，前景理论认为人们对客观概率的认知不够理性，因而使用主观概率权重 $\pi(p)$ 描述人们对客观概率的反应。此外，前景理论与期望效用理论和计划行为理论的其他区别如表 3－1 所示。

前景理论的核心是价值函数（Value Function）和权重函数（Dcision Weighting Function）。价值函数的基本模型是，当决策者以概率 p 得到 x，以概率 q 得到 y 时，其从中得到的效用可以用价值函数 $V(px+qy)$ 来表示：

当 $p+q<1$ 或 $x\geqslant 0\geqslant y$ 或 $x\leqslant 0\leqslant y$ 时，

$$V(px+qy)=\pi(p)v(x)+\pi(q)v(y) \tag{3-1}$$

当 $p+q=1$ 且 $x>y>0$ 或 $x<y<0$ 时，

$$V(px + qy) = v(y) + \pi(p)[v(x) - v(y)] \quad (3-2)$$

当 x 为确定性财富时，$V(x) = v(x)$，π 函数被称为决策权重函数，表示决策者对客观概率的主观评价，反映了概率对前景价值的影响。同时，此时的决策者仍然遵循效用最大化原则，也就是选择使其最大化的前景。

表 3-1 前景理论与期望效用理论和计划行为理论的区别

名称	前景理论	期望效用理论	计划行为理论
假设	有限理性	纯粹理性人假设	纯粹理性人假设
影响因素	从心理学角度进行实证研究，考虑人的风险感知、心理特征和行为特征和情景因素	遵循理性选择的优势原则和偏好无差异原则，仅考虑最大化效用	个人态度、认知与主观感知等因素影响行为决策
核心内容	决策行为由价值函数和权重函数构成，客观概率被主观概率替代	遵循效用最大化，即：$\sum P_i U(X + X_i) > U(X)$	信念影响态度、态度影响认知进而影响行为
实证分析	存在确定性效应，孤立效应和反射效应；面对收益时风险偏好厌恶，面对损失时风险偏好；损失同样的财富比得到同样的财富更敏感	不论什么情况，当期望的效用值大于期望收益时人们会做出风险厌恶的决策；当期望的效用等于此效用时，人们做出风险中立的决策；当期望效用小于期望收益时做出风险偏好的决策	行为人的认知、态度和主观规范成为影响决策的重要因素，特别是信念和心理因素对行为产生重要作用
应用范围	适于解释日常决策行为	适于解释长期决策行为	适于经过充分考虑的决策行为

价值函数的图像如图 3-2 所示，纵轴表示价值（Value），实际上就是从前景中得到的效用。卡尼曼认为价值函数和效用函数主要有两点不同：首先，价值函数的自变量是盈利（Gains）和损失（Losses），决策者在面对盈利时是风险厌恶（Risk Aversion）的，价值函数向上凸；当面临损失时是风险偏好（Risk Appetite）的，价值函数向下凹。期望效用函数的自变量是最终财富，并且理性人的假设表明人们总是风险厌恶的（边慎和蔡志杰，2005）。价值函数与期望效用函数的第二个不同是，价值函数使用决策权重代替期望效用函数

的客观概率。前景理论的一个重要结论是，人们在决策过程中概率的估计值与实际值不一致，一般会高估小概率、低估高概率，同时决策权重之和往往是小于1的。用公式表示就是$\pi(0)=0$，$\pi(1)=1$，当概率p很小时，$\pi(p)>p$，当概率很大时，$\pi(p)<p$，Kahneman 和 Tversky（1979）用实验结果证明了$\pi(p)+\pi(1-p)<1$。

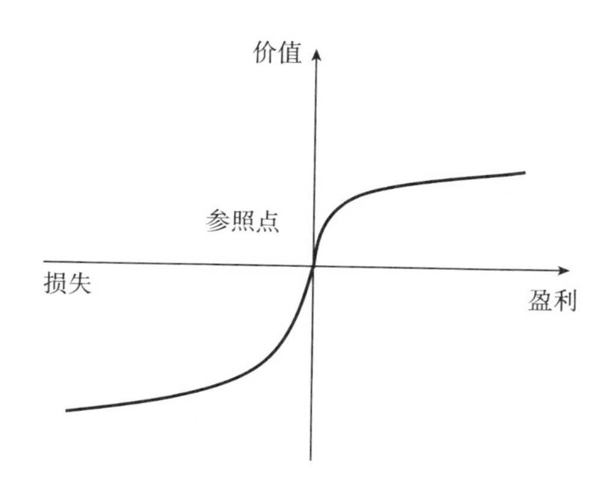

图3-2　前景理论的价值函数

通过对价值函数图的分析可以发现，价值函数$V(x)$具有以下三个特点：一是收益和损失是相对于参考点而言的，参考点选择的不同，导致决策者面临风险的态度不同。二是盈利曲线为凹，损失曲线为凸，整个价值曲线呈S形。离参照点越近，价值函数的变化就越大，离参考点越远，价值函数变化越小，这体现了边际收益递减效应。三是损失曲线的斜率大于盈利曲线，人们对损失的变化更加敏感，即面临同等的财富变化，损失带来的痛苦大于盈利带来的快乐。

通过实验总结，卡尼曼认为权重函数$\pi(p)$有以下三个特点：一是小概率相对得到较大的权重，而中高概率获得较小的权重，典型的例子是人们参与彩票和赌博即具有这一特点。二是$\sum_{i}^{m}\pi(p_i)<1$，即方案的各个事件权重之和小于确定性事件权重。三是在概率为0和1的临界值决策者的评价与其个人感受密切相关，所以权重无法确定。

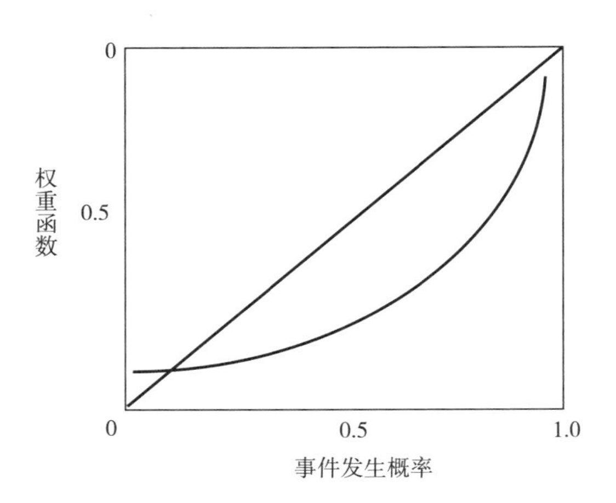

图3-3　前景理论的权重函数

前景理论经过30多年的发展，经历了最初的原始前景理论、累积前景理论和第三代前景理论。累积前景理论（Cumuntive Prospect Theory，CPT）由Tversky和Kahneman（1992）提出，这一理论对原始前景理论进行了扩展。累积前景理论同时考虑不确定的和风险的前景，并分别考虑获得和损失，有效解释了WTP/WTA及偏好逆转等问题，很好地解释了人们在实验中反映出来的结构效应、偏好的非线性、资源依赖、追求风险和规避损失。第三代前景理论最初是Schmidt和Zank（2005）为了更好地解释偏好逆转（Preference Reversal，PR）现象而提出的；随后，Schmidt等（2008）对它作了详尽的论述并验证了风险交易的WTA与选择之间的偏好逆转主要受风险态度系数α、权重系数γ以及损失规避系数λ的相互作用的影响。第三代前景理论保留了以前版本期望理论的预测能力，对已有理论做了如下扩展，即当决策权重被指定为序依赖时，允许参考点不确定。第三代前景理论是对前景理论的一个自然扩展，它在实验上被证明是成功的。该理论通过允许参考点不确定，填补了已有前景理论应用领域的一个空白。同时，根据第三代前景理论，只要通过原有前景理论的任何参数形式都可以推广到不确定的情况，且不需要任何附加参数（刘明和刘新旺，2008）。已有文献的大量研究实验证明，第三代前景理论既能有效预测WTP与WTA之间的差距，又能很好解释偏好逆转现象，且不需要加入额外

的参数，也不需要重新确定参数。

二、消费者食品安全消费心理与行为分析

根据前景理论的核心内容，消费者在面临不确定情况下的风险决策受到价值函数和权重函数的影响。根据 Tversky 和 Kahneman 提出的价值函数的形式，在决策阶段的价值函数定义为：

$$v(x_i - v_0) = v(\Delta v_0) = \begin{cases} \Delta x^{\alpha} & if \Delta x \geqslant 0 \\ -\lambda(-\Delta x)^{\alpha} & if \Delta x < 0 \end{cases} \tag{3-3}$$

其中，α 为风险态度系数，$0<\alpha<1$，α 越大表示决策者越倾向于冒险。λ 为损失规避系数，若 $\lambda>1$，则决策者将对损失更加敏感。

概率权重函数$\pi(p)$ 的定义如下：

$$\pi(p) = \begin{cases} \dfrac{p^{r}}{(p^{r}+(1-p)^{r})^{\frac{1}{r}}} & \text{在获益时} \\ \dfrac{p^{\delta}}{(p^{\delta}+(1-p)^{\delta})^{\frac{1}{\delta}}} & \text{在获益时} \end{cases} \tag{3-4}$$

很多学者对这些参数进行过估计，但估计值却各不相同。根据 Tversky 和 Kahneman（1992）的测定，当 $\alpha=0.88$，$\lambda=2.25$，$\gamma=0.61$，$\delta=0.69$ 时与经验数据较为一致（杨建池等，2009）。Gonzalez 和 Wu（1996）认为 $\alpha=0.52$，$\lambda=0.52$，$\gamma=0.74$，$\delta=0.74$，而曾建敏（2007）认为在中国情境下 $\alpha=1.21$，$\lambda=1.02$，$\gamma=0.55$，$\delta=0.49$ 更为合适。

已有对消费者 WTP/WTA 的很多研究发现，消费者在食品安全市场面临食品安全风险、信息不对称、道德风险和逆向选择，在这种情况下消费者更是难以实现理性决策。

（1）消费者是有限理性经济人，即消费者根据自身的风险态度、有限的食品安全知识和信息、收入水平和对食品安全认证的信赖程度来确定自己的食品消费行为决策。同时，食品安全具有信任品和搜寻品的特性，食品消费又是瞬间完成的，消费者往往难以直观地辨识食品的内在质量特征，因此消费者的食品安全决策是有限理性的，难以做到科学判断和理智消费，进而影响到其对食品安全的 WTP/WTA，并使二者之间出现差距。

1）消费者在价值函数作用下的消费行为选择分析。根据前景理论中价值函数的特点，消费者在不确定性事件下进行食品安全的判断和支付（受偿）评估时，通常是设定一个初值即参照点，这个参照点选择的不同导致决策者面临的风险态度不同。在进行食品安全的支付意愿或者受偿意愿时，消费者参照点的选择一般会考虑自己的收入水平、资源禀赋、安全认知和信息获取等方面的因素。消费者在决策时与此参考点做综合对照，参照点的变化量决定着对食品安全支付或受偿行为的追求或者规避。以转基因大豆油为例，如果消费者认为自己收入较高，或者认为转基因食品与非转基因食品一样安全，也就有可能不愿意为非转基因油进行额外的支付。相反，如果消费者根据自身参照点的不同，认为转基因大豆油存在安全隐患，那么为了获得健康安全的大豆油其很可能就愿意为非转基因大豆油进行支付，并表达较高的支付意愿。

2）消费者在权重函数作用下的消费行为选择分析。从权重函数来看，决策权重是事件发生概率的增函数，但是小概率事件却被赋予较大的权重，高概率事件却被赋予较小的权重。针对食品安全事件而言，消费者在面临食品安全风险的情况下，主观判断食品安全发生风险的概率进而赋予其决策概率，根据决策概率进行行为的选择和决策。由此，消费者对食品安全风险发生概率的主观判断具有非理性因素，经常出现系统性错误而偏离最优的经济决策。

（2）消费者倾向于风险规避。前景理论认为，大多数消费者面临获得时是风险规避的，而在面临损失时却是风险偏爱的，人们对损失比对获得更加敏感（陈超和任大廷，2011）。支付意愿和补偿意愿是在统一水平上对消费者效用的衡量，面对同等的收入，消费者宁愿接受补偿而忍受较差的食品安全状况，也不愿意接受较好的食品状况却付出一定的价格，这就导致消费者接受补偿的概率远高于进行支付意愿的概率。同时，消费者的风险规避行为经常导致其在食品安全消费者更加谨慎，经常夸大某些事件的发生概率，比如只要认为是食品添加剂就不好，一概不购买，或者高估蔬菜等残留的农药，导致农产品的大量浪费。

（3）消费者在价值函数和决策函数下进行 WTP 和 WTA 的行为决策。根据前景理论，消费者进行行为决策考虑的因素不是以效用的变化为依据，而是由价值函数和决策函数共同决定。价值函数对消费者 WTP 和 WTA 的影响，主

要是通过参照点和盈利与损失对自身心理的影响实现的，参照点选择的不同，直接导致消费者对食品安全的风险态度，进而影响其是否接受 WTP 和 WTA，或者愿意支付和受偿的具体金额。决策函数对消费者行为影响主要是通过对事件发生的概率赋予不同的权重实现的，权重的大小，取决于消费者的个人感受和风险评价，这导致了不同的消费者会有完全不同的 WTP（WTA）接受意愿。

最后，本研究将在前景理论的框架内，利用赫克曼备择模型分别测算出消费者的 WTP 和 WTA，在此研究基础上得出消费者 WTP/WTA 的理论比值，探究导致二者出现差距的内在机理及相应的政策启示，研究思路流程框架如图 3－4所示。

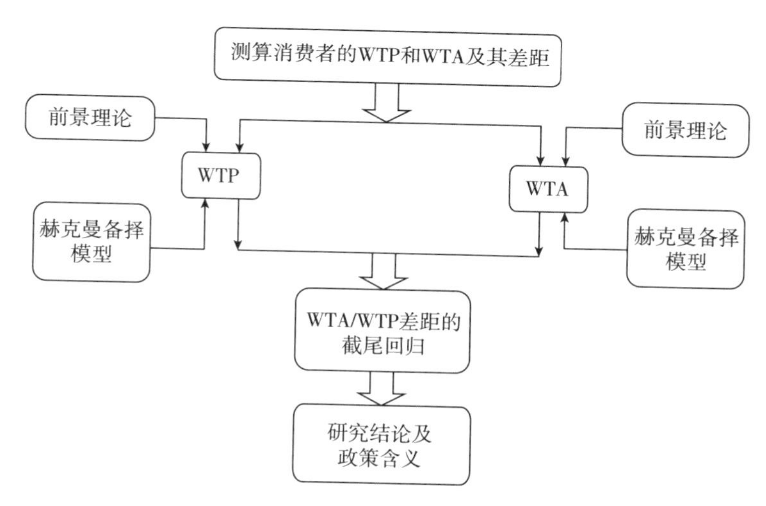

图 3－4　研究思路流程框架

第二节　问卷设计与研究数据

一、问卷设计

本研究根据前景理论和假设价值评估法（CVM），同时借鉴了计划行为理论的有益做法，设计了对消费者食品安全支付意愿和补偿意愿的情景调查问卷。在 CVM 的发展过程中，先后发展出的问卷调查方式有连续型和离散型两大类。连续型问卷格式包括重复投标博弈、开放式和支付卡式；离散型问卷格式包括单边界二分式和双边界二分式。其中，投标博弈是早期使用的研究模式，目前已很少使用，开放式和支付卡式问卷属于连续型问卷的格式（屈小娥和李国平，2012）。其中，开放式问卷直接询问受访者对所描述物品的 WTP 或 WTA，但如果被访者对所询问的物品不了解时，则很难确定自己的价值评估意愿（WTP 或 WTA）。支付卡式问卷虽然能够克服开放式问卷存在的一些困难，但支付卡提供的报价范围及其中间隔点可能影响被调查者的支付意愿。二分式问卷目前已发展出单边界二分式、双边界二分式、三边界二分式等多种问卷格式，其主要缺点表现在设计投标数量的范围和计算支付意愿上的困难。各问卷的主要特征（见表 3－2）。在问卷设计当中，充分吸收了已有研究文献的有益做法，做了进一步延伸，比如为使研究具有科学性和可对比性，检验是否存在框架效应及其影响，本研究设计了双边界二分式（封闭式）和开放式两套问卷对比分析消费者对食品安全的 WTP/WTA 及二者之间的差距。

表 3－2　CVM 类型及相应的问卷格式

CVM 类型	问卷格式	主要内容
离散型 CVM	单边界二分式	为受访者提供一个投标值，情景描述后询问是否愿意接受
	双边界二分式	根据受访者对单边界二分式投标数额的反应，接着询问另一个投标问题。若受访者表示接受初始投标额，则第二个投标额数值高于初始值，否则低于初始值
连续型 CVM	重复投标博弈	根据受访者的意愿不断调整（提高或者降低）投标数额，直至得到其最大 WTP 和最小 WTA
	开放式	不给出投标数额，直接询问受访者的最大 WTP 和最小 WTA
	支付卡式	给出一组投标数额，由受访者直接选取最大 WTP 和最小 WTA

CVM 的基本步骤为：首先构建一个假想市场，然后获得被调查者的支付意愿或补偿意愿，估计调查者的平均支付意愿或补偿意愿，最后进行数据汇总，估计支付意愿/补偿意愿曲线。获得 WTP 或 WTA 的方法包括面对面的直接访问调查、电话调查和邮寄信函等方式。本调查采用了面对面的访问方式，

通过划定调查区域和随机采访消费者的形式进行。虽然调查成本较高，但在说明假想市场、陈述要评价的物品和服务、回答被调查者的疑虑等方面具有明显优势，因而也是最重要和最常用的调查方式。为设计出有效的量表，根据前景理论、消费者行为理论和研究需要，并借鉴被学者们多次使用的相关量表中的测量题项，结合食品安全与转基因食品的特点，反复修改设计。

调查问卷主要围绕食品安全展开，并以转基因大豆油为主要参照物分析消费者的支付意愿和补偿意愿，调查问卷共包括四个部分的内容。

问卷第一部分主要是消费者的社会经济信息，包括性别、年龄、从事职业、工作年限、受教育程度、家庭收入与食品支出、家庭人口以及对食品安全信息的关注和需求等方面。与以往研究文献不同的是，这一部分增加了消费者及其家人是否出现过食物中毒、细菌感染等疾病调查信息，借此可以有效发现食品质量安全对消费者健康的切实影响。

问卷第二部分主要是消费者对食品安全的风险认知和风险态度，主要包括消费者对当前食品安全形势的评估、风险感知和风险评价。这部分根据李克特（Likert）六点量表设置了其中日常消费食品安全性的评价，比如对食用油安全性的评价的赋值从低到高排列，分别是：1 点表示“非常不安全”；2 点表示“有点不同意”；3 点表示“一般”；4 点表示“比较安全”；5 点表示“非常安全”；6 点表示“不清楚”。使用六点量表是希望被调查者对每个测量选项都能给出自己的倾向性评价，这样既能避免被调查者出现趋中反应，也在态度的区分方面更加细致，比五点量表更能反映出不同被调查者对调查选项反应的差异程度（文晓巍和李慧良，2012）。此外，这一部分还重点调查了消费者大豆油的消费情况，涉及购买频率、消费品牌、关注标签的信息类型以及对转基因食品、转基因大豆油的认知和风险态度。

问卷第三部分主要是调查消费者对转基因大豆油的支付意愿。首先通过情景描述，向消费者介绍了转基因大豆油可能导致的健康风险，并根据前期的市场调查设定的转基因大豆油的参考价格（10 元/升），询问消费者相比于转基因大豆油，是否愿意为非转基因大豆油多支付一定的价格，也即溢价，若其不愿意则询问原因。这一部分设计了封闭式调查问卷和开放式调查问卷，分别调查了消费者对转基因大豆油的支付行为。封闭式问卷主要是设定不同的临界值，本书调查的临界值包括0.1元、0.2元、0.3元、0.5元、0.8元、1.0元、1.2元、1.5元、2.0元共9个，调查消费者是否愿意为非转基因大豆油多支付上述金额，如果不愿意还调查了具体原因。在开放式问卷当中，同样的问题采用了不设定参考价格的方式引导消费者自由回答（Open－Ended Question），即直接询问被调查者为购买非转基因大豆油最多愿意支付的费用（最大WTP），而没有给出任何选择参考价格区间，愿意支付多少完全由被调查者自行决定。一般认为，开放式问卷调查方式的优点在于它能够消除支付意愿的起点偏差（Starting－Point Bias）和被调查者过于积极产生的偏差（Yeas－Saying Bias）（杨开忠等，2002）。如果被调查者表示“不愿意支付”，则请他们给出不愿意支付的原因。

问卷第四部分是消费者对转基因大豆油的受偿意愿。在询问受偿意愿之前，首先调查了消费者对本地食品安全的满意度以及是否同意将食品安全治理与政府官员的政绩挂钩，然后向消费者陈述“若您因使用转基因大豆油而导致直接健康损失，您是否愿意接受一定的补偿”，并设置了一定的补偿金额选项及补偿金额占收入的比重。这一部分同样设置了封闭式和开放式两类调查问卷，形成对照进而分析支付意愿与受偿意愿的差距及是否存在框架效应。在问卷最后，我们加入了Arrow（1971）建议的内容，即在调查最后请被调查者填写他们对问卷整体的理解程度，以此来评价调查的有效性（杨开忠等，2002）。

二、数据来源与结构

本研究的调查数据来源于2013年9月19日～2013年12月10日由中国人民大学农业与农村发展学院的7名硕士和本书作者在北京城区进行，海淀区、丰台区、西城区和朝阳区（见表3－3），由于城区的消费者能获得更多的食品安全信息，受食品安全政策的影响也最大，其对食品安全的支付意愿和受偿意愿更符合前景理论的调查框架，因此选定城区的居民作为调查对象。问卷采取分层抽样方法，根据北京市第六次人口普查结果的各区家庭人口数确定调查问卷发放的比例，这里的家庭人口包括本地户口家庭和本地常住家庭。为使样本具有随机性和分散性，对调查区域的居民小区、餐馆、公园、医院、便民市

场、超市和露天广场等多个地点进行了调查访问。本次调查发放封闭式问卷300份、开放式问卷300份共600份调查问卷；剔除信息不全和前后矛盾的样本后回收封闭式问卷292份、开放式问卷287份，共579份有效问卷，样本有效率达到96.67%。

表3-3　本问卷发放各区域构成

城区	海淀区	西城区	朝阳区	丰台区
家庭户数（户）	976376	441085	1317845	795168
占四区比重（%）	28	12	37	23
被调查家庭数（户）	205	92	176	107
占问卷比重（%）	35	16	30	18

注：北京城区户数来源于北京市第六次全国人口普查资料汇编，http://www.bjstats.gov.cn/tjnj/rkpc-2010/indexch.htm，2013年1月14日。

（一）消费者基本信息特征

被调查居民的基本信息如表3-4所示。从样本的性别分布上来看，调查样本的男女性别比例基本持平，男性占比为46.21%，女性占比为53.79%，女性的比例稍微高于男性。通常而言，女性从事较多的家庭事务，较高的女性比例能更好地反映其对食品安全的态度和风险认识。特别是在家庭食品消费当中，女性不仅比男性细心，较多地关注食品安全信息，而且其对食品的质量安全风险和价格变动更为敏感，从而更有利于分析居民对食品安全的真实支付意愿和补偿意愿。

从样本的年龄构成上来看，被调查者的平均年龄为30.5岁，最小的是17岁，最大的是76岁。被调查者的年龄呈现出中间大两头小的特征，其中超过一半的消费者处于21~30岁，这一消费主体占到样本总量的58.28%。其次是31~40岁的中年居民家庭，占到22.59%。41~50岁和51~60岁的消费者基本持平，占比分别为5.69%和5.17%，61岁及以上的老人也占到了样本总量的1.72%。在受教育程度方面，北京的城市消费者明显表现出较高的学历特征。其中，大专及本科学历的被调查者占到一半左右，研究生及以上学历的高学历消费者占比超过了三成，高中及初中以下的消费者占比较少，分别为12.76%和5.52%。

表3-4 样本的消费者统计信息特征

变量	分类	频数	比例（%）	变量	分类	频数	比例（%）
性别	男	267	46.21	职业	企业员工	178	30.86
	女	312	53.79		公务员及事业单位人员	67	11.55
年龄	20岁及以下	38	6.55		商业及服务业	60	10.34
	21~30岁	337	58.28		自由职业	50	8.62
	31~40岁	131	22.59		学生	171	29.48
	41~50岁	33	5.69		离退休	29	5.00
	51~60岁	30	5.17		无业及其他	24	4.14
	61岁及以上	10	1.72	工作年限	1年以内	195	33.79
受教育程度	初中及以下	32	5.52		1~3年	83	14.31
	高中/中专	74	12.76		3~5年	58	10.00
	大专及本科	286	49.31		5~7年	59	10.17
	研究生及以上	187	32.41		8~10年	48	8.28
					10年以上	136	23.45

在职业分类方面，被调查者的职业分类较为分散，这也符合样本的随机性要求。排在第一位的是企业员工，占比为30.86%，这也是与整体职业分布相一致的，其次是学生群体，本调查在采访的过程中也遇到了在京高校的学生，这一部分群体占到总样本的29.48%。这是由于北京市拥有全国最多的高校，我们利用中秋节、国庆节和周末进行调查时也经常遇到大学生消费群体。排在第三位的是公务员及事业单位人员，占比为11.55%，从事商业及服务业的被调查者占到10.34%，另外还有8.62%的自由职业者和5.00%左右的离退休人员。接下来我们调查了消费者的工作年限，这一变量的分布是两头大中间小，也即工作1年以内和10年以上的消费者占比最高，分别占到总样本量的33.79%和23.45%，而工作1~3年、3~5年和8~10年的占比均为10%左右，这一结果说明调查人群中有较多消费者参加工作时间较久。

（二）消费者家庭经济特征

由于消费者的家庭特征一直都是已有文献研究消费者食品安全支付意愿和补偿意愿的重要因素，个人的消费习惯和食品偏好在很大程度上反映了家庭的偏好，因此我们在调查问卷当中也设计了相应的问题，并对消费者的家庭信息做了调查访谈。问卷当中涉及的消费者家庭特征变量包括家庭人口规模、家庭月平均收入、月食品支出以及家庭小孩和老人的情况四个方面的维度。需要说明的是，这里的家庭规模仅指狭义上的家庭，也即一起居住即为一个家庭，仅包括三代以内的直系亲属。家庭月平均收入采取家庭总收入除以 12 个月的算法得出，月食品支出仅限于家庭用于日常消费的蔬菜、主粮、辅料如食用油等的支出，这里的支出扣除了外出就餐的支出。

通过对调查结果的分析可知，家庭人口最少 1 人，最多 8 人，平均 3.45 人。其中占比最多的是三口之家，这一比例为 36.38%，家庭人口在 2 人以下的占到 21.21%，这一比例与四口之家的比例接近。家庭人口规模在 5 人及以上的大家庭占到总样本的 20.17%。参照多数已有文献的研究设计，我们在问卷当中加入了所谓的“敏感性”人群（曾寅初等，2008），也即家中是否有 13 岁以下的孩子和是否有 60 岁以上的老人。调查结果显示，在被调查家庭中有 13 岁以下小孩同住的占三成，有 60 岁以上老人同住的占 33.45%，两种人群的占比基本一致（见表 3－5）。我们以北京市 2012 年统计年鉴中城市居民的月平均收入的数据为参照，在问卷设计当中将家庭月收入划分为 9 个区间，家庭月食品支出划分为 8 个区间，以保证各区间的均匀分布。调查显示，被调查家庭 2012 年的月收入在各区间的比例基本为 10% 左右，中低收入人群明显多于高收入人群。与此相对应，被调查家庭在食品支出方面保持了同样的特征，多数家庭的月食品支出在 801～1500 元，占到月平均收入的 40% 左右。

（三）消费者的食品安全关注度与信息获取情况

已有研究表明，消费者对食品安全的关注程度及信息获取情况在很大程度上影响了消费者的食品安全消费行为及其对具体食品的支付意愿和受偿意愿，计划行为理论也表明，消费者的食品安全决策受到其自身态度、认知和主观规范等因素的影响。基于此，展开对消费者食品安全关注度的调查十分必要。同时，鉴于食品安全频发的主要原因是由于食品安全市场的信息不对称，因此考虑消费者的食品安全信息需求及信息渠道对分析消费者支付意愿十分必要。

表 3－5　总体样本的消费者家庭信息统计

变量	分类	频数	比例（%）	变量	分类	频数	比例（%）
家庭人口数	2 人及以下	122	21.21	家中是否有 13 岁以下小孩同住	是	178	30.86
	3 人	211	36.38		否	401	69.14
	4 人	129	22.24	家中是否有 60 岁以上老人同住	是	193	33.45
	5 人	79	13.62		否	386	66.55
	6 人以上	38	6.55				
2012 年家庭月平均收入	1500 元以下	30	5.17	2012 年家庭月食品支出	500 元以下	42	7.24
	1500～3000 元	93	16.21		500～800 元	74	12.76
	3001～4500 元	105	18.10		801～1000 元	118	20.52
	4501～6000 元	70	12.07		1001～1500 元	105	18.10
	6001～8000 元	77	13.28		1501～2000 元	104	17.93
	80001～10000 元	69	11.90		2001～2500 元	52	8.97
	10001～20000 元	76	13.10		2501～3000 元	45	7.76
	20001～25000 元	30	5.17		3000 元以上	47	8.10
	25000 元以上	37	6.38				

从统计结果来看，消费者对食品安全的关注度较高，比较关注和非常关注的占比分别为 42.24% 和 19.14%，两者合计占到六成，仅有 1.55% 的消费者对食品质量安全一点也不关注，这一现象也反映了食品安全危机引起的消费恐慌和信心低迷（见表 3－6）。当问及“您是否关心因环境污染、生态破坏导致的食品质量安全问题”时，分别有 38.97% 和 25.34% 的被调查者表示比较关注和非常关注，一点也不关注的仅占 2.24%。上述调查结果反映了消费者目前对食品安全的关注度空前提高，而且对引发食品不安全的因素如环境污染和生态破坏等因素也表现出了较高的关注。为了解食品安全对消费者自己及家庭的危害，我们调查了消费者及家人近三年是否经历过食物中毒或者相关疾病，结果表明，57.93% 的消费者从没经历过，40.00% 的消费者偶尔经历过，经常遇到的仅有 2.07%，但这并不能说明食品安全状况好转，因为有些食品安全所造成的危害具有潜伏期和长期性，如农药残留对健康的危害只有积累到一定程度才会以疾病的形式表现出来。

在消费者的食品安全信息方面，接近六成的消费者表示会主动寻求食品安全信息，48.45%的消费者对完整、准确和及时的食品安全信息有较强的需求，表示非常需要的消费者占到总数的34.14%。接下来我们调查了消费者的信息获取渠道，按照媒体的特性将信息渠道划分为5种类型，其中最大的信息渠道是网络手机，占比为66.90%，表明随着互联网产业的发展，越来越多的消费者利用这一工具获取信息食品安全方面的信息。仅次于网络的是电视广播，有55.52%的消费者借助其获取食品安全信息，其他信息渠道包括书籍报纸和亲朋好友也成为一部分消费者的信息来源，这两种工具的占比分别为27.07%和22.07%。

表3－6　被调查消费者的食品安全关注度与信息获取统计情况

变量	分类	频数	比例（%）	变量	分类	频数	比例（%）
平时对食品质量安全的关注程度	一点也不关注	9	1.55	对环境污染、生态破坏导致的食品质量安全的关注程度	一点也不关注	13	2.24
	有点关注	96	16.55		有点关注	83	14.31
	一般	118	20.52		一般	110	19.14
	比较关注	245	42.24		比较关注	226	38.97
	非常关注	111	19.14		非常关注	147	25.34
近三年自己或家人是否经历过食物中毒或相关疾病	从没遇过	335	57.93	是否主动寻找食品安全信息	是	338	58.45
	偶尔遇过	232	40.00		否	241	41.55
	经常遇到	12	2.07	对完整、准确和及时的食品安全信息的需求程度	非常需要	198	34.14
获取食品安全途径（多选）	电视广播	321	55.52		比较需要	280	48.45
	书籍报纸	157	27.07		无所谓	71	12.24
	网络手机	388	66.90		不太需要	28	4.83
	亲朋好友	128	22.07		很不需要	2	0.34
	其他	24	4.14				

最后，为了解问卷的有效程度，我们在问卷的最后调查了消费者对整个问卷的理解情况。根据理解程度的不同将这一问题划分为三个刻度，分别是完全理解、部分理解和不太理解或者完全不理解。结果表明，超过一半的消费者对本次调查表示完全理解，有42.93%的消费者表示部分理解，仅有5.17%的受访者表示不太理解或者完全不理解。上述统计结果表明，调查问卷整体是有效的。

第四章　测算消费者的支付意愿

第一节　引言

转基因食品（Genetically Modified Foods）是指应用现代生物技术，通过导入特定的外源基因从而获得具有特定生物性状的改良生物品种及其制品（侯守礼等，2004）。近年来，作为食品安全的一个重要争论领域，转基因食品在全世界引起了激烈的争论并日益引起人们的重视。转基因技术的应用，使得食品生产的成本大大降低。此外，转基因食品在营养方面更加丰富，而且可以少用或者不用杀虫剂和农药。尽管如此，由于目前尚没有明确的证据表明转基因对人体不会造成危害，同时，转基因技术的使用可能对生物多样性、生态环境和人类健康构成不可预知的潜在危害从而加深了人们普遍的担心和忧虑。消费者对转基因食品的担心主要是基于两个方面的考虑：一个是自己健康的考虑，如潜在健康风险和对原生态物品的偏好；二是社会方面的考虑，比如环境影响和道德风险。已有文献对我国消费者转基因食品态度的因素表明，影响消费者转基因态度的因素有经济因素，如转基因食品的价格、消费者收入，此外还有人口统计学特征及食品安全事件的曝光频率，对管理部分的信任缺失等方面。

消费者对转基因食品的接受程度因国家和地区而异。欧洲和日本等地区或

国家的消费者对转基因食品的接受程度较低，美国和许多发展中国家的消费者对转基因食品的接受程度则相对较高（邱彩红，2008）。一些国家的立法机构如英国的食品标准局（FSA）、美国的食品与药物管理局（FDA）和法国的食品总局（DGAL）等认为目前可获得的转基因产品对消费者和环境是安全的，黄季焜等（2006）对转基因食品的研究表明，与其他国家相比，我国消费者对转基因食品的接受程度较高。FAO（2004）将转基因食品区分为动物性转基因食品与植物性转基因食品，发现消费者对动物性转基因食品的接受程度一般低于植物性转基因食品，对提高作物品质的转基因食品的接受程度高于提高产量或者降低成本的转基因食品。Bredahl（2001）对消费者转基因产品的风险和收益认知的研究指出，消费者对转基因食品的接受程度较低，而且有逃避转基因产品的意愿。这一现象也被侯守礼等（2004）的研究所证实，其使用假设评价法评价发现消费者对转基因食品的认知程度偏低，尽管消费者表示自己非常关注食品安全和营养问题，但是在实际的购买行为当中，消费者考虑更多的仍是收入和价格等经济因素。一些学者还比较了我国消费者与国外消费者对转基因食品的认知差异，如Hallman等（2004）发现我国消费者对转基因食品的认知程度比美国消费者低10%，比欧洲居民低10%～25%，比日本消费者低20%（Macer和Mary，2000）。在影响因素方面，消费者对转基因食品的认知一般随着性别、受教育程度、所居住城市、收入水平和食品安全关注度等方面的差异而有所不同。

关于转基因食品的支付意愿，现有文献表明其与消费者对转基因食品的态度有很大关系，但消费者对转基因食品的接受程度和支付意愿之间并没有必然的因果联系。已有研究多是利用大样本和有实际钱物的实验拍卖的方式分析消费者的支付意愿（Chern等，2006），Noussair等（2002）通过引入实验的方法测量了转基因食品的实际支付意愿，上述研究均发现，更低的价格将会使得消费者更愿意接受转基因食品。在调查的对象上，通常是选择一些认知水平较高的群体进行研究，如城市普通居民、学生、科学家和转基因作物种植农户。由于目前转基因食品的市场规模很小，国内外对于消费者支付意愿的研究基本上是使用意愿调查方法。在支付意愿的模型选择方面，主要有离散选择Logit模型（Cook，2002）、离散Probit模型（白军飞，2003）和Cox模型（李彧挥等，2013）。

就中国而言，目前已经有五种产品进入商业化生产，近百个品种正在进行中间试验（余素贞，2002）。在所有转基因食品当中，转基因大豆是最为关注的农产品。根据海关总署2013年发布的统计数据显示，2012年1～12月我国累计进口大豆5838万吨，累计进口食用植物油845万吨。其中从美国和阿根廷进口的大豆都是转基因大豆。我中国市场上转基因大豆、豆粕和豆油所占据的市场份额已经超过了一半。因此，有理由认为，转基因食品已经进入我国消费者的日常家庭生活当中，但是有关消费者对于转基因食品的认知、接受程度和支付意愿的研究是相当缺乏的。

鉴于此，本研究以北京市城区消费者为例，通过问卷调查和统计分析，研究北京市消费者对非转基因食品的认知程度、接受程度和支付意愿，并利用实证模型将消费者的态度货币化，从而计算其支付意愿。

第二节　理论分析

一、消费者对非转基因大豆油的支付意愿分析

根据前景理论，消费者行为决策由价值函数和决策函数决定。价值函数对消费者转基因大豆油 WTP 的影响，主要是通过参照点和盈利与损失对自身心理的影响实现的，参照点选择的不同，直接导致消费者对食品安全的风险态度，进而影响其是否接受 WTP，或者愿意支付的具体金额。决策函数对消费者行为的影响主要是通过对事件发生的概率赋予不同的权重实现的，权重的大小取决于消费者的个人感受和风险评价，这导致了不同的消费者会有完全不同的 WTP 接受意愿。

首先，从价值函数来看消费者面对损失时风险厌恶。消费者是否愿意对非转基因大豆油进行支付意愿，取决于消费者参照点的变化。参照点选择的不同，直接导致消费者是否进行支付或者进行支付的具体金额，根据消费者的经

济和资源状况，也即消费者的收入水平、受教育程度、食品安全认知、食品安全信息拥有度等方面直接影响消费者参照点的不同。如果消费者收入水平较高，认为当前食品安全形势较为严重，其就有可能愿意为较安全的食品进行支付以改善自己获取食品的质量；如果消费者的食品安全风险认知水平较高，主观认为转基因大豆油跟非转基因大豆油一样安全，那么其就可能不会为较为安全的非转基因大豆油进行支付，或者认为转基因食品安全风险较高而愿意支付并支付较高的金额。

其次，从决策函数的角度而言消费者根据转基因大豆油风险的不同而选择是否进行支付。转基因大豆油是在保持大豆营养成分含量和组成不变的前提下，为更好地保护其不受害虫的侵袭把某些细菌的基因接入大豆的植株中。虽然其与非转基因豆油在营养成分、口感、色泽等方面完全一致，但其可能存在微量毒素、引起身体过敏和抗药性等多种安全风险。因此，消费者根据自己的认知水平和信息渠道，对转基因大豆油的安全风险进行主观判断，可能夸大其发生风险的概率，也可能低估其风险概率。如果消费者认为其较为危险，那么为了家人和健康的考虑就会选择购买非转基因大豆油并为其支付较高的价格，或者选择替代产品如花生油、橄榄油等；如果消费者低估其发生的风险，认为其与非转基因大豆油一样安全，就非常有可能不愿意为其进行支付，或者支付较低的价格。

最后，消费者在前景理论性下 WTP 的行为决策具有不确定性。与期望效用理论所认为的消费者一定会选择带来最大效用的行为不同，前景理论对消费者行为的预测是建立在心理学实验的基础上，将消费者的价值感受特征与理性趋利特征统一于正常人当中，将决策行为看作是个体作为一个系统对外界的反应过程，这就导致不同的消费者对转基因大豆油的支付意愿具有不确定性因素。具体而言，这种不确定性来源于以下三个方面：一是来源于消费者的个人特征，如年龄、性别、受教育层次等。以性别为例，一般而言，男性比女性对风险和价格更加不敏感，从而表现出男性的支付意愿低于女性，但是在支付的价格方面却体现了男性愿意支付的价格可能高于女性的特点。二是来源于消费者对转基因大豆油的个人感知、情感和生活习惯。一些消费者由于习惯性地消费大豆油，并认为食品的安全性与技术进步是同步的，所以认为转基因大豆油安全也就表现为较低的支付意愿概率，但另一些消费者从一开始接受的信息就认为包括转基因大豆油在内的所有转基因食品都是不安全的，并且会带来严重的不可预测的疾病，这些消费者一般会有较高的支付意愿或者消费大豆油的替代品。三是来源于未来的风险不可控和对政府治理能力的怀疑。作为独立的个体，在面对不同的食品面前，消费者与食品企业的地位极不相称，因此消费者对食品发生风险的可能性无能为力，同时，作为监管者的政府在控制食品安全方面的表现一直差强人意，导致消费者的消费信心较低而只能采取自我保护，所以消费者根据自己的资源和信息情况，选择是否愿意为食品安全风险买单，也即是否进行转基因大豆油的支付意愿。

二、消费者非转基因大豆油支付意愿的影响因素

前景理论认为，消费者的行为受到价值函数和主观决策函数的影响，在变量设置方面主要考虑消费者的心理因素，如认知、风险感知、信任等。因此，在为解释影响消费者额外价格支付意愿的变量设置问题时，国外学者们通常采用的方法一般是，将消费者对食品安全风险的感知、对转基因食品的态度和认知以及消费者个体统计特征等作为解释变量。比如，Chien 和 Zhang（2006）在研究消费者食品安全的支付意愿时，所采用的解释变量为消费者对食品安全的认知、风险态度和个体统计特征变量。类似的研究有 Angulo 和 Gil（2007）对西班牙消费者的研究，结果发现消费者食品安全的感知、消费量、平均消费价格和收入是影响消费者支付意愿的主要因素。

具体而言，消费者对转基因食品的认知即对转基因食品形成的自己的看法，也称为消费信念。消费者通过感觉、知觉、思维和逻辑判断等认知活动，形成了对特定客观事物对象或者产品的认识、理解或者评价。从心理学的角度来说，认知是消费者态度的基础，它与产品的内外部属性联系在一起，是对产品的属性、功能及有用性的主观评价。在本书的研究当中，将其归结为前景理论当中的心理学因素，也即消费者对转基因大豆油知识的了解和信任程度等。

此外，消费者所处的食品安全市场状况以及转基因食品本身的特征，比如市场上转基因食品的广告宣传、认证标志和市场价格等因素都将对消费者的支付意愿产生影响。如果目前市场上销售的转基因食品较多，那么消费者可能会

对市场上的其他转基因食品产生偏好，如果该转基因食品的价格处于消费者可接受的范围内，消费者就会产生相应的支付意愿，并进而发生实际的支付行为（侯守礼等，2004）。

在文献综述部分，本书已经总结了已有文献有关食品安全支付意愿的研究成果，结合前景理论分析，本书认为，消费者对非转基因大豆油的支付意愿和支付水平受到以下五类因素的影响，即消费者的风险态度、风险认知、信息因素、家庭经济因素及个体因素。

（一）消费者的风险态度

根据前景理论，消费者的行为决策受到主观概率的影响，影响主观概率最主要的因素是对不确定性也即风险的态度。按照 Fishbein 和 Ajzen（1975）提出的理论，消费者对安全食品的态度是其所持有的信念强度（例如，其对安全食品特定属性的主观认知），其是对每种食品属性的正面或者负面评价强度的函数，将消费者对特定食品属性的信念强度乘以其对该属性的正面或者负面评价的强度就得到该食品的信念效果，将所有属性的信念效果求和便可以计算出消费者对安全食品的总态度。已有文献发现，积极的态度正向影响消费者对安全食品的支付意愿（Han，2006；Chen，2007）。比如对食品安全的关注度、对可追溯系统和认证措施的关注和大力支持都将强烈影响自己对食品安全风险的主观判断，进而影响自身食品安全偏好并产生较高的支付意愿（Umberger等，2002）。Dickinson 和 Bailey（2003）通过比较分析了美国、加拿大、英国和日本四国的消费者对可追溯猪肉和牛肉的支付意愿，虽然支付价格有差异，但对食品质量安全风险的态度和关注度是影响其支付意愿的共同因素。Wuyang Hu（2006）对比了中日消费者对非转基因植物油的风险态度和支付意愿，指出两国消费者对转基因风险的态度显著影响购买动机，进而直接影响其支付意愿和支付额度。McCluskey 等（2007）对亚洲、北美和欧洲消费者的研究指出，消费者的风险态度因国别而不同，加拿大和美国的消费者风险态度最为接近，日本和中国消费者的风险态度显著区别于挪威，并认为中国的消费者最青睐转基因食品。

（二）风险认知

认知是一种重要的心理活动，是对食物属性的一种主观感知和实际认识。

消费者对食品风险的认知水平和认知能力是因人而异的，Angulo 等（2005）对西班牙消费者支付意愿的研究发现，其对食品安全风险的恐慌、有关环境污染对食品质量产生的负面感知是影响消费者支付意愿的主要因素。Angulo 和 Gil（2007）之后的研究进一步证实，消费者对食品安全的感知与收入水平、食品消费量、消费频率一样都是影响其格外支付意愿的关键因素。一般而言，消费者的认知度与支付意愿具有较强的正相关关系（田苗等，2012），消极的食品安全风险感知和食品安全知识对消费者转基因食品的态度和支付动机产生负面影响（Ghasemi 等，2013）。周应恒和彭晓佳（2006）的研究指出，消费者对农药残留食品不安全因素的风险认知对支付意愿产生很大影响。周玉玺等（2012）调查了山东省新农村建设中农民的选择偏好与支付意愿，证实农民对建设内容的认知、参与偏好是影响其支付意愿的关键因素。王军等（2010）分析了消费者对猪肉质量安全的认知情况，发现消费者对猪肉质量安全认知能力较低的情况制约了其对安全食品的支付溢价。一项关于农业保险支付意愿的研究也得出了类似的结论，农户对保险重要性的认知程度对其保险支付意愿有显著的正向影响，而农户的投资风险偏好则对支付意愿有显著的负向影响（于洋和王尔大，2011）。

（三）信息因素

信息是指事物的现象及其属性标识的集合，信息的获取和积累有助于消费者在购买安全食品的过程中形成较为客观和全面的信念与态度，并进而对其支付意愿和支付水平产生积极影响（Han，2006）。已有文献表明，消费者所拥有的主观知识和客观知识在一定程度上反映了其所拥有的与安全食品相关的信息量和信息水平。消费者在实施购买行为时，通过阅读食品标签上的健康和营养成分、商品标识和认证标志等内容可以获得与食品安全相关的信息。此前的研究指出，消费者对消费对象的熟悉程度往往代表着其掌握信息的程度，而这种熟悉程度常常可以用购买频率来衡量（Brady 等，2003），也即消费者对某一食品拥有的信息越多，其购买频率可能越高。在食品安全知识方面，由于食品的经验品和信任品性质，消费者获得的食品安全信息是比较少的，至少是难以获得真实可靠的食品安全信息，为应对这种知识的缺乏和信息不对称的现状，消费者更容易对公共机构提供的食品安全信息产生依赖。从这个角度而

言，对公共机构的信任程度反映了消费者从这些公共机构获得的信息数量（Han，2006）。

在实证研究方面，信息对消费者支付意愿有着密切的关系。消费者作为食品安全信息的接受者（王志刚和毛燕娜，2006），其对食品安全信息关注程度和搜寻行为是影响食品安全支付意愿至关重要的因素。Enneking（2004）对德国消费者的研究发现，消费者对含有质量安全和质量安全保证信息（贴有Q&S标签）的肉类制品具有额外支付意愿，对肉类制品安全风险的关注度与是否含有原产地信息是影响消费者支付意愿的重要因素。Meuwissen等（2007）针对荷兰的调查研究也发现，对肉类制品质量安全的关注度与是否含有原产地、饲养过程和动物福利等方面信息是影响消费者对含有质量安全保证信息的肉类制品支付额外价格的主要因素。此外，应瑞瑶等（2012）对天津、山东和江苏等地消费者低碳农产品的支付意愿的研究也指出，如果消费者事先获知低碳食品安全属性的信息，将会显著降低其支付意愿。

（四）家庭经济因素

家庭经济因素主要包括消费者所在家庭的人口规模、家庭收入和支出以及敏感人群的数量等方面。其中，家庭收入是影响家庭经济地位和社会地位的基础因素，也是家庭支付能力的重要指标，其对食品安全的支付意愿具有显著影响，这已被很多研究证实。曾寅初等（2008）利用分层模型对超市顾客的月饼添加剂支付意愿的研究表明，顾客家中敏感人群的平均比例、平均收入水平和平均受教育程度均对支付意愿有显著影响。靳乐山和郭建卿（2010）对环境公共物品支付意愿的研究发现，不论是城市居民还是农村居民，家庭收入都是显著影响支付意愿的一个因素。

（五）个体因素

在CVM调查中，被调查者的个体因素是影响消费者支付意愿的重要变量，其中，被调查者的性别、年龄、受教育程度、职业等是反映其个体特征的主要指标。周应恒和吴丽芬（2012）对南京城市消费者低碳猪肉支付意愿的实证分析表明，消费者对低碳农产品的认知度、家庭收入、家庭人口和受教育程度均对支付意愿有显著影响。卜凡等（2012）研究了不同质量安全信息的可追溯猪肉支付意愿，结果表明，消费者的学历、年龄、收入水平、家中是否有孕妇等因素均是影响其支付意愿和支付水平的重要变量。余建斌（2012）分析了广州市消费者对不同认证农产品的支付意愿和影响因素，认为消费者的家庭结构、收入水平及对农产品质量安全的关心程度对支付意愿具有一致性的影响。西爱琴和邹贤奇（2012）评估了农民对农业保险的支付意愿，研究显示，农民的年龄、性别和家庭总人口等因素显著地影响其对农业保险的支付意愿和支付水平。国外的文献也有类似的发现，如 Poudel 和 Johnsen（2009）在研究尼泊尔的农民对农作物基因资源保护的支付意愿时，发现农民的受教育水平对支付意愿有正向作用。LüLan（2006）调查研究了消费者的生物技术态度，发现教育程度是所有人口统计变量当中对转基因食品支付意愿影响最大的变量，较高的受教育程度使其对生物技术更加乐观、积极。

第三节　描述性统计

研究中所有数据来源于 2013 年 9 月 19 日 ~10 月 7 日对北京市消费者的问卷调查面对面访谈，调查问卷分为封闭式问卷和开放式问卷。问卷调查分为预调查和正式调查两部分，预调查采用开放式问卷格式，即直接询问消费者对非转基因大豆油的最大支付意愿，预调查共发放 10 份问卷。根据预调查的结果并结合最新的文献对正式问卷做了相应的修正，并最终确定封闭式问卷调查的投标值为 0. 3 元、0. 5 元、0. 8 元、1 元、1. 2 元、1. 5 元、2. 0 元、2. 5 元、3 元和 4 元这 10 个值。正式问卷根据北京城区人口比例采用分层抽样法共获得有效样本 579 份，其中封闭式问卷 292 份，愿意支付人数 217 人，支付比率为 74. 06%；开放式问卷回收 287 份，愿意支付 189 人，支付比率为 65. 85%。接下来从消费者的个人基本特征属性、消费者对食品安全的风险认知和风险态度、消费者对大豆油的消费情况、产品信息对消费者行为偏好的影响、消费者对转基因大豆油的风险认知和态度及非转基因大豆油的支付意愿分布六个方面进行描述性统计分析。

一、消费者的个人基本属性特征

问卷涉及的消费者基本属性特征包括性别、年龄、受教育程度、职业及家庭特征信息。从两套问卷的统计结果来看，统计信息保证了随机性（见表4－1）。其中，在性别方面，被调查的消费者男女各占一半左右，其中女性稍多一些。女性比男性稍多的现状是由于其在家庭当中承担了更多的家庭事务，如大豆油的购买，女性比男性稍多也更有利于探究出消费者真实的支付意愿情况。在年龄方面，被调查的消费者最小16岁，最大76岁，涵盖了青年、中年和老年三个年龄层次。从分布来看，两套问卷均体现出年轻人较多的局面，其中封闭式问卷中20～30岁的消费者占比为47.10%，开放式问卷的这一年龄区间则接近70%左右。其次是31～40岁的年龄群，封闭式问卷占比26.62%，开放式问卷占比18.47%，前者稍高于后者。被调查者的受教育程度都较高，封闭式问卷当中大专及本科和研究生及以上人群的占比分别为52.90%和24.57%，开放式问卷中这两类群体占比分别为45.64%和40.42%，这一调查结果与北京较多的高等院校和人才聚集的现状有关。被调查者的职业体现得较为分散，这说明问卷调查的人群具有随机性，企业员工、公务员及事业单位人员和商业和服务业占据了六成左右。封闭式问卷当中企业员工、公务员及事业单位人员和学生占比最多，分别为22.18%、16.72%和26.28%。开放式问卷当中，企业员工、商业及服务业和学生这三类人员的占比最多，相应的比例为39.72%、13.59%和32.75%。

消费者的家庭信息是消费者支付意愿的重要变量，问卷当中涉及的变量包括家庭人口数、家中13岁以下小孩数、60岁以上老人数等敏感人群以及消费者的家庭月收入和月食品支出五个方面的变量。统计结果表明，消费者的家庭人口数多集中在三口和四口，但三口之家和四口之家在两套问卷当中仅占一半左右，其次是两口之家的消费者，这一家庭占到各自问卷总数的1/5。另外，还有7%左右的家庭人口数超过了6人，这属于一种典型的大家庭特征。关于家庭的敏感人群数量，封闭式问卷和开放式问卷分别仅有36.52%和25.09%的消费者家中有小孩，这是与家庭人口数目相适应的一种结果，反映了北京地区普遍的晚婚晚育现状。家中有60岁以上老人的家庭与拥有孩子的比例基本类似，两套问卷当中分别各有35.84%和31.01%的家庭拥有老人。

表4－1　消费者对转基因大豆油WTP有效问卷个人属性特征统计

封闭式问卷（Ⅰ）				开放式问卷（Ⅱ）			
变量	分类	人数	比例（%）	变量	分类	人数	比例（%）
性别	男	137	46.76	性别	男	131	45.64
	女	155	53.24		女	156	54.36
年龄	20岁以下	24	8.19	年龄	20岁以下	14	4.88
	20～30岁	137	47.10		20～30岁	200	69.69
	31～40岁	78	26.62		31～40岁	53	18.47
	41～50岁	20	6.83		41～50岁	13	4.53
	51～60岁	24	8.19		51～60岁	6	2.09
	60岁以上	9	3.07		60岁以上	1	0.35
受教育程度	初中及以下	21	7.17	受教育程度	初中及以下	11	3.83
	高中/中专	45	15.36		高中/中专	29	10.10
	大专及本科	155	52.90		大专及本科	131	45.64
	研究生及以上	71	24.57		研究生及以上	116	40.42
职业	企业员工	65	22.18	职业	企业员工	114	39.72
	公务员及事业单位人员	49	16.72		公务员及事业单位人员	18	6.27
	商业及服务业	21	7.17		商业及服务业	39	13.59
	自由职业	39	13.31		自由职业	11	3.83
	学生	76	26.28		学生	94	32.75
	离退休	24	8.19		离退休	5	1.74
	无业及其他	18	6.14		无业及其他	6	2.09

在家庭的经济收入方面，各收入区间比较分散。封闭式问卷当中，31.06%的消费者家庭平均月收入处于3000～6000元，其次是19.80%的消费者家庭月收入在3000元以下，8001～10000元和10001～20000元的高收入家庭也分别占到了总数的13.65%和13.99%，家庭收入在20000元以上的家庭占到了8.87%（见表4－2）。与封闭式问卷类似，在开放式问卷当中，收入在3000元以下和3000～6000元的家庭占比最多，分别为22.65%和28.57%。后

者不同于前者的是，在开放式问卷当中，高收入家庭的比例高于封闭式问卷，家庭收入在10001～20000元和20000元以上的家庭占比都超过了1/10。在食品支出方面，两套问卷中支出在801～1500元的家庭比例都接近40%。其次是食品支出在1501～2500元的家庭，占比分别为27.65%和25.44%。

表4－2　消费者家庭经济信息

封闭式问卷（Ⅰ）				开放式问卷（Ⅱ）			
变量	分类	人数	比例（%）	变量	分类	人数	比例（%）
家庭人口数	2人以下	61	21.16	家庭人口数	2人以下	61	21.25
	3人	100	34.13		3人	111	38.68
	4人	66	22.53		4人	63	21.95
	5人	43	14.68		5人	36	12.54
	6人以上	22	7.51		6人以上	16	5.57
家中是否有13岁以下小孩同住	是	107	36.52	家中是否有13岁以下小孩同住	是	72	25.09
	否	185	63.48		否	215	74.91
家中是否有60岁以上老人同住	是	105	35.84	家中是否有60岁以上老人同住	是	89	31.01
	否	187	64.16		否	198	68.99
家庭平均月收入	3000元以下	58	19.80	家庭平均月收入	3000元以下	65	22.65
	3000～6000元	91	31.06		3000～6000元	82	28.57
	6001～8000元	37	12.63		6001～8000元	39	13.59
	8001～10000元	40	13.65		8001～10000元	28	9.76
	10001～20000元	40	13.99		10001～20000元	34	11.85
	20000元以上	26	8.87		20000元以上	39	13.59
家庭月食品支出	800元以下	51	17.41	家庭月食品支出	800元以下	63	21.95
	801～1500元	110	37.54		801～1500元	112	39.02
	1501～2500元	80	27.65		1501～2500元	73	25.44
	2500元以上	51	17.41		2500元以上	39	13.59

二、消费者的食品安全认知和风险态度

根据前景理论，消费者的风险认知和风险态度对消费者的行为决策产生重

要作用，进而影响其支付意愿的水平。当我们询问消费者“您觉得目前食品安全状况如何”时，消费者普遍觉得食品安全形势比较严重，无论是封闭式问卷还是开放式问卷回答非常严峻和比较严峻的消费者都超过了七成。封闭式问卷当中认为目前食品安全状况非常严峻和比较严峻的占比分别为34.13%和48.46%，开放式问卷当中这一比例分别为39.02%和42.86%（见图4-1）。上述统计结果表明，消费者对当前的食品安全现状非常担忧，对食品消费缺乏信心，其背后的原因仍是食品安全状况的持续不乐观，无论是“三聚氰胺”事件、“瘦肉精”事件还是“地沟油”事件，都给消费者的消费信心带来巨大打击。王志刚等（2011）对北京、天津以及石家庄三个城市的奶制品消费的调查数据也表明，受重大食品安全事件的影响，消费者的消费信心比较低落，恢复过程需要较长时间。

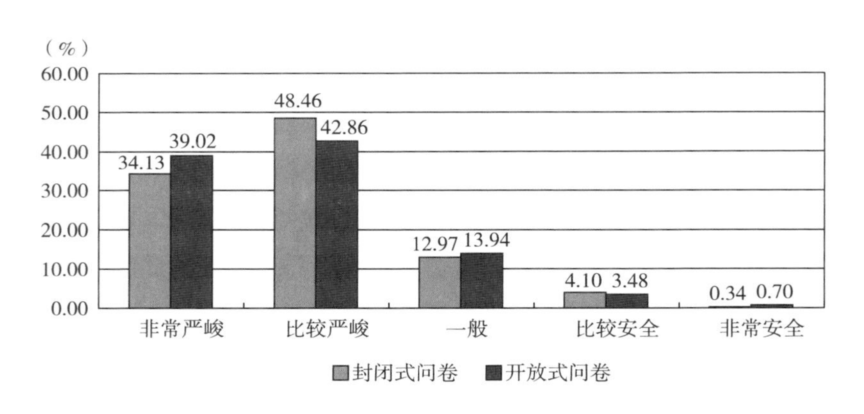

图4-1　消费者对食品安全的风险认知情况

在对食品安全认证标识的认知方面，调查表明大多数消费者对基本认证标识的认识度十分低，认知度最高的是QS标志。对认证体系当中的有机食品、无公害食品和绿色食品的认知度都不高，比如封闭式问卷当中仅有16%的消费者认识有机食品认证标志，25%的消费者认识绿色食品标志，开放式问卷中相应的比例基本与其一致。作为食品安全重要信息体系的可追溯体系——HACCP的认证标志识别度更低，封闭式问卷当中仅有8%的消费者知道，开放式问卷中这一比例也仅为15%（见图4-2）。由此可知，消费者对食品安全信

息的认知度偏低，对一些重要食品信息的关注度不够，同时说明在食品安全知识的宣传方面，政府、媒体和社会中间组织还需要采取更多措施来提升消费者的食品安全信息水平和食品安全认知度。

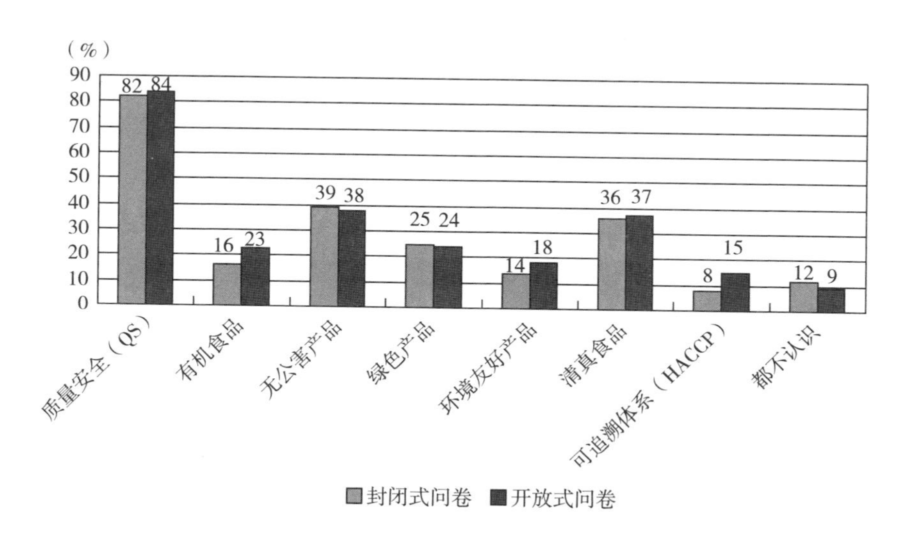

图4－2　消费者对食品安全认证的认知程度（多选）

为了了解研究对象，本书调查了消费者对大豆油安全的评价。这主要是针对“地沟油”事件后，消费者对食用油的风险感知情况，具体情况如表4－3所示。利用李克特量表，本书将消费者的风险态度分为六个刻度。调查结果显示，消费者对大豆油的风险态度要高于对食品安全的总体情况，对食用油普遍表现出乐观态度。封闭式问卷中认为非常不安全和有点不安全的消费者分别占比为13.31%和30.38%，仅有17.06%和1.37%的消费者认为大豆油比较安全和非常安全。开放式问卷也体现了类似的统计结果，有19.86%和31.36%的消费者认为大豆油非常不安全和有点不安全，认为比较安全和非常安全的消费者占比分别为14.29%和1.74%。消费者对大豆油的安全性风险评价较为乐观的结果可能与大豆油曝光的安全性事件有关，与“三聚氰胺”和“瘦肉精”事件相比，在事件轰动性和影响严重方面，“地沟油”事件是较为轻缓的，这也许造成了消费者对当前大豆油的风险态度。

表4－3　消费者对大豆油安全性的风险态度

大豆油安全性评价	样本情况	非常不安全	有点不安全	一般	比较安全	非常安全	不清楚
封闭式问卷	样本数	39	89	102	50	4	8
	占比（%）	13.31	30.38	35.15	17.06	1.37	2.73
开放式问卷	样本数	57	90	89	41	5	5
	占比（%）	19.86	31.36	31.01	14.29	1.74	1.74

三、消费者的大豆油消费情况

在了解消费者大豆油消费情况之前，本书首先询问了消费者关于“地沟油”事件的认知情况，主要包括三个方面的问题：一是是否听过“地沟油”事件；二是是否知道食用不健康的食用油将导致哪些健康问题；三是在“地沟油”事件后，在购买食用油或者外出就餐时对食用油的关注度。调查结果显示，无论是封闭式问卷还是开放式问卷，听过“地沟油”事件的消费者比例都超过了98.00%，这说明目前食品安全事件曝光后，消费者通过各种媒体基本上了解这些信息，从而导致消费者对食品安全事件有较高的认知度。当问及“是否清楚食用不健康的油将导致哪些健康问题”时，有79.18%的封闭式问卷被调查对象和65.51%的开放式问卷调查对象表示清楚或知道，仅有两三成的消费者不清楚不健康食用油的危险性（见表4－4）。接下来继续询问了消费者在“地沟油”事件后，购买或外出就餐时对食用油的关注度，两套问卷有超过80.00%的消费者表示关注，封闭式问卷中这一比例为89.08%，开放式问卷中为81.53%，仅有较少比例的消费者表示不关注或者持无所谓态度。

关于消费者的大豆油消费情况，问卷共设计了消费者大豆油的购买频率、购买品牌、购买地点、关注的标签信息和出现问题后的维权方式五个方面的问题。在大豆油的购买频率方面，占比较高的是三月一次和不确定两种，这两种情况在封闭式问卷中分别占比31.40%和40.96%，开放式问卷中这一比例分别为24.39%和47.04%。由于目前市场上供给的大豆油基本上都是5L一桶，属于较大型包装，因此一次购买可以食用三个月以上，这是消费者大豆油购买频率不频繁的主要原因。在消费品牌方面，根据预调研的情况，我们列举市场上五种品牌，这五种品牌基本上涵盖了食用油的主要品牌类型。调查结果显示，消费者购买最多的品牌是金龙鱼，封闭式问卷和开放式问卷中这一比例都超过了调查总人数的一半。其次是鲁花，各自占比均为35.00%左右，此外还有接近1/3的消费者经常购买福临门的大豆油。从上述调查结果可以看出，金龙鱼、鲁花和福临门是食用油类市场的三大巨头，占据了大部分市场份额。

表4－4　消费者大豆油的消费情况

封闭式问卷（Ⅰ）				开放式问卷（Ⅱ）			
变量	分类	人数	比例（%）	变量	分类	人数	比例（%）
是否听说过地沟油	听说过	288	98.63	是否听说过地沟油	听说过	282	98.26
	没听过	4	1.37		没听过	5	1.74
是否清楚食用不健康的油将导致哪些健康问题	知道	232	79.18	是否清楚食用不健康的油将导致哪些健康问题	知道	188	65.51
	不知道	60	20.82		不知道	99	34.49
“地沟油”事件后对食用油的关注度	关注	261	89.08	“地沟油”事件后对食用油的关注度	关注	234	81.53
	不关注	20	6.83		不关注	24	8.36
	无所谓	11	4.10		无所谓	29	10.10
大豆油的购买频率	半月一次	16	5.46	大豆油的购买频率	半月一次	10	3.48
	一月一次	65	22.18		一月一次	72	25.09
	三月一次	92	31.40		三月一次	70	24.39
	不确定	119	40.96		不确定	135	47.04

关于大豆油的购买地点，最多的是大型超市，两类问卷的各自占比都在八成以上，也有一部分消费者在食品超市购买，选择在粮油批发市场、社区市场或农贸市场及网上购买的消费者各自均仅占4%左右（见图4－4）。这一结果反映了消费者主要的大豆油及食品购买地点选择偏好，主要是因为大型超市种类全、折扣多和质量较有保障。此外，我们继续询问了消费者在购买大豆油时关注的标签信息，我们提供了七种标签信息供消费者选择。统计显示，消费者最为关注的标签信息从高到低分别为生产日期、油脂来源、品牌与厂商信息价

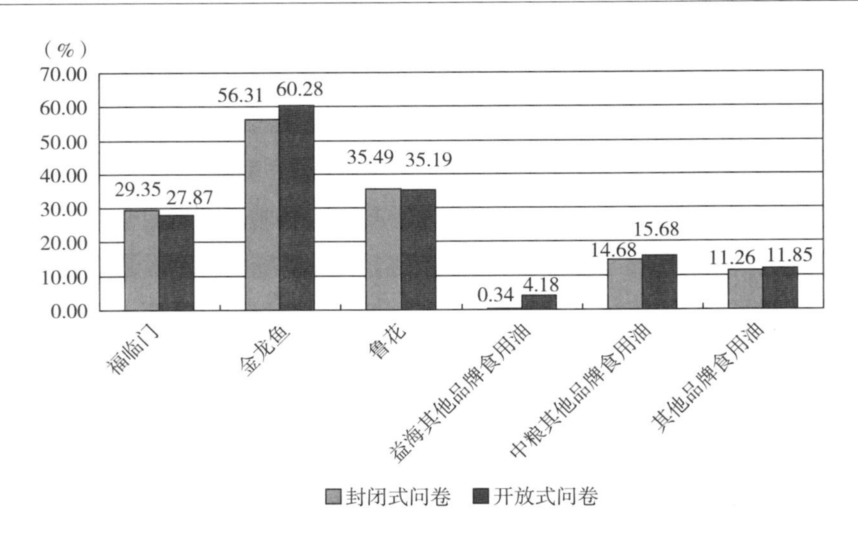

图 4-3　消费者购买大豆油的品牌（多选）

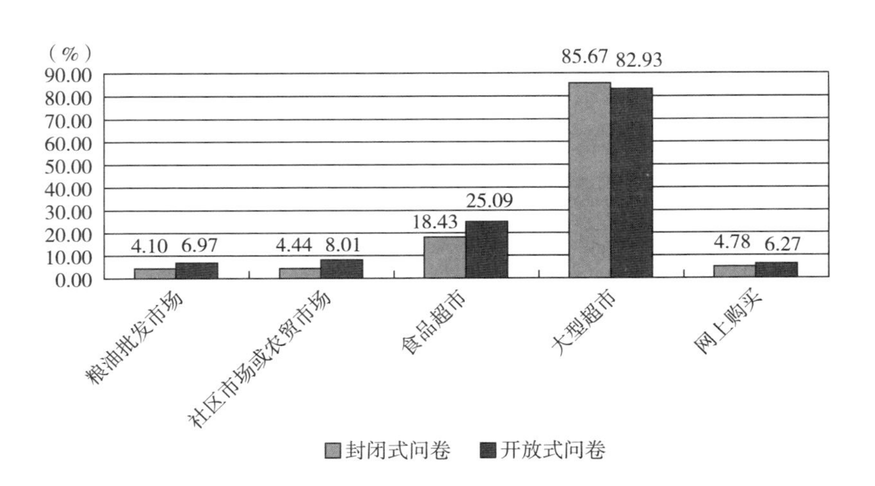

图 4-4　消费者购买大豆油的地点（多选）

格和质量等级。两套问卷中，生产日期是消费者最为关注的标签信息，占比分别为 69.28% 和 74.91%，这反映出消费者对食品标签信息的重要程度存在不合理集中的现象（见图 4-5）。一般而言，食用油最为重要的质量衡量标志是质量等级。按照大豆油的国家质量标准，大豆油根据色泽、气味、透明度和酸

值等指标划分为一到四级，一级质量等级最高。但从调查结果来看，消费者对质量等级的关注程度偏低，而对次要因素的生产日期过度关注。

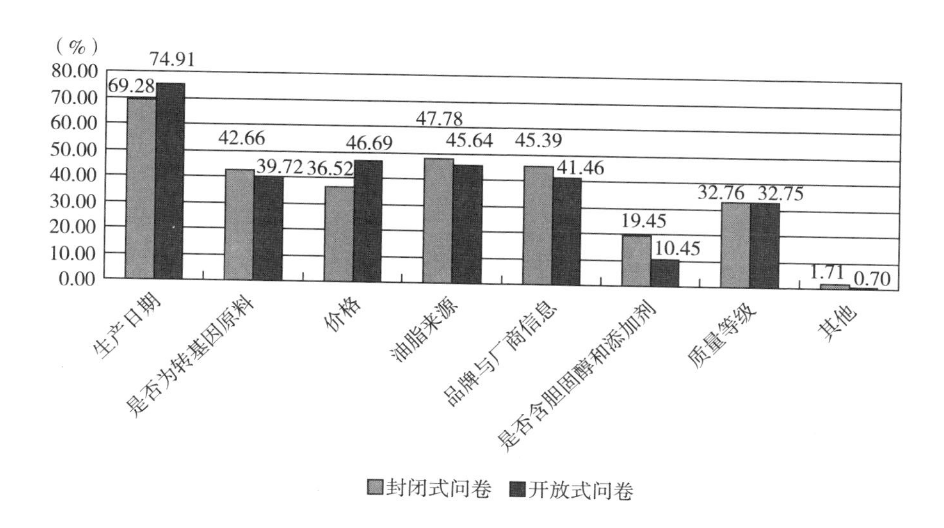

图4－5　消费者购买大豆油时关注的标签信息（多选）

当问到“如果您购买的食用油出现质量安全问题并引发疾病时，你会如何做”时，消费者最普遍的维权方式是不再购买，其次才是向消费者协会举报。封闭式问卷中采取这两种方式的消费者占比分别为51.19%和42.32%，开放式问卷中这一比例为62.02%和41.11%（见图4－6）。这说明，目前消费者权利受到侵犯时维权意识淡薄，加上维权成本较高这进一步制约了消费者维权的积极性。这不仅难以形成较强的食品安全外部监督能力，也不利于食品安全市场的改善。虽然也有一小部分消费者选择找生产者理赔或者销售者理赔，但受访者对最终的理赔结果都不是很满意，生产者和销售者对消费者的处理方式多是退货或退款，很少涉及赔偿问题。这在一定程度上也反映了消费者的弱势地位，与国外强大的消费者协会或组织不同，中国的消费者难以取得与企业对等的谈判能力，即使受到了伤害，获得损失赔偿不仅概率较低，而且数额偏少。

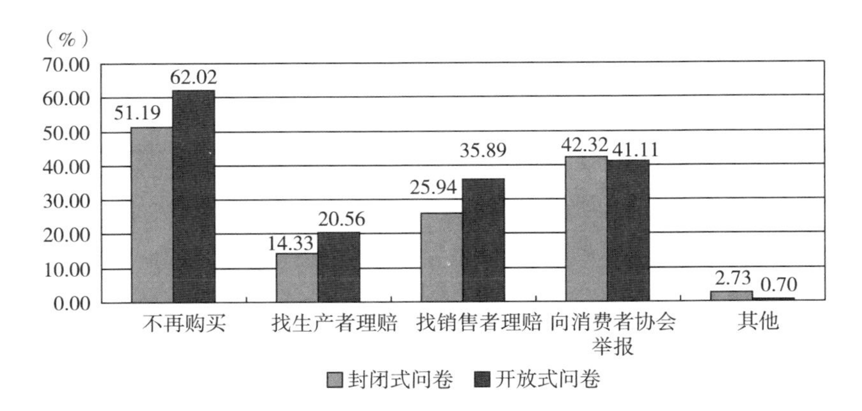

图4－6　消费者对食用油的维权方式（多选）

四、产品信息属性对消费者大豆油消费偏好的影响

消费者判断产品属性的一个重要依据就是产品所提供的信息，这些重要的信息包括产品价格、品牌及知名度、安全认证、原产地认证和广告宣传等方面。为了说明这些信息对消费者大豆油消费偏好的影响，我们分别询问了消费者"您如何评价食品的下列信息对您是否购买大豆油的重要性"时，根据消费者的关注程度，将每个问题从"完全不关注"到"非常关注"划分为五个维度。

从价格对消费偏好的影响程度来看，封闭式问卷和开放式问卷都有四成左右的消费者表示比较关注，仅有不到两成的消费者属于完全不关注和不怎么关注的类型。价格作为商品的重要信息属性，在理想市场状态下，应该是优质优价的，但目前食品安全市场存在一定程度的"鱼龙混杂"现象，仅从价格上来判断商品质量也是不可靠的。

就品牌而言，根据信息经济学的原理，品牌及知名度在一定程度上反映了产品的内在质量属性。从调查结果来看，消费者对品牌的关注程度显然要高于价格，封闭式问卷当中回答"比较关注"和"非常关注"的消费者分别占到总数的57.34%和23.55%，开放式问卷中这两种回答的比例分别为54.36%和25.09%（见表4－5）。这说明，品牌对消费者的影响程度要大于价格的影响

程度。品牌是长期形成的，相对于价格的灵活性而言，品牌更具有持久性。在长期的消费实践中，消费群体逐渐形成了对某些品牌的信赖和认可。

食品安全认证是特定组织按照一定标准对产品检测后认为符合一定质量标准后做出的标识行为，经过认证的产品符合相应标准规定的质量要求，如有机产品认证、绿色食品认证和无公害认证等。通过调查消费者对认证的关注程度可以了解消费者对产品质量认证的信任程度以及对产品质量的追求程度。统计结果显示，安全认证对消费者是否购买大豆油的行为影响较大，认为比较关注和非常关注消费者合计都占到各自调查总人数的80.00%左右。其中，封闭式问卷中回答“比较关注”和“非常关注”的占比分别为35.49%和40.61%，开放式问卷对应的比例为35.54%和34.49%。这一结果表明，消费者对产品质量安全的关注度较高，经过认证的产品在很大程度上影响了消费者的偏好。在对原产地认证的调查中发现，消费者对原产地认证的关注程度明显低于安全质量认证。

就大豆油而言，原产地主要涉及油类来源，也即是否转基因大豆油的问题。目前主要的大豆原产地为我国东北地区，这些地区的大豆油产品基本上生产的是非转基因大豆油，山东等地的大豆油所使用的是进口转基因大豆，因此在大豆油是否转基因问题上，原产地是一个重要的区别标志。调查发现，封闭式和开放式问卷仅有三成左右的消费者比较关注这一问题，两类问卷中非常关注的占比分别为16.38%和14.29%。上述结果表明，消费者在大豆油是否转基因的问题普遍关注不够，而对传统信息如价格和品牌关注较高，这是转基因食品区别于其他食品需要特别注意的问题。

最后一个食品安全信息是广告，之所以询问这一问题是考虑到现代营销中广告的巨大作用，广告在很大程度上刺激了消费者的需求。调查结果显示，消费者对广告的关注程度呈现向中间集中的现象，也即不关注和非常关注的人数都比较少，一般关注占据了被调查总数的四成。两类问卷当中，比较关注的消费者分别为21.84%和29.27%，对应的比例远低于价格和品牌。通过对上述五个信息属性的分析可以发现，消费者最为关注的依次为品牌及知名度、安全认证、价格、原产地认证和广告宣传，其中品牌和安全认证信息属性对消费者的偏好影响最大。

表4－5　食用油信息对消费偏好的影响

封闭式问卷（Ⅰ）				开放式问卷（Ⅱ）			
变量	分类	人数	比例（%）	变量	分类	人数	比例（%）
价格	完全不关注	12	4.10	价格	完全不关注	13	4.53
	不怎么关注	44	15.02		不怎么关注	39	13.59
	一般	103	35.49		一般	85	29.62
	比较关注	111	37.88		比较关注	115	40.07
	非常关注	22	7.51		非常关注	35	12.20
品牌及知名度	完全不关注	4	1.37	品牌及知名度	完全不关注	6	2.09
	不怎么关注	11	3.75		不怎么关注	7	2.44
	一般	40	13.99		一般	46	16.03
	比较关注	168	57.34		比较关注	156	54.36
	非常关注	69	23.55		非常关注	72	25.09
安全认证	完全不关注	9	3.07	安全认证	完全不关注	12	4.18
	不怎么关注	19	6.48		不怎么关注	16	5.57
	一般	41	14.33		一般	58	20.21
	比较关注	104	35.49		比较关注	102	35.54
	非常关注	119	40.61		非常关注	99	34.49
原产地认证	完全不关注	25	8.53	原产地认证	完全不关注	14	4.88
	不怎么关注	37	12.63		不怎么关注	34	11.85
	一般	92	31.74		一般	115	40.07
	比较关注	90	30.72		比较关注	83	28.92
	非常关注	48	16.38		非常关注	41	14.29
广告宣传	完全不关注	30	10.24	广告宣传	完全不关注	20	6.97
	不怎么关注	54	18.43		不怎么关注	51	17.77
	一般	128	44.03		一般	117	40.77
	比较关注	64	21.84		比较关注	84	29.27
	非常关注	16	5.46		非常关注	15	5.23

五、消费者对转基因大豆油的认知和态度

由于本研究是对转基因大豆油的支付意愿分析，因此本书调查了消费者对转基因食品的认知和态度以及对转基因大豆油的认知和态度。首先，询问了消费者对转基因食品的了解程度。调查发现，消费者对转基因食品的了解程度非常低。封闭式问卷中仅有 9.22% 的消费者比较了解，非常了解的仅占 1.37%。开放式问卷中比较了解和非常了解的也仅比前者分别高出约 3 个百分点（见图 4－7）。从统计图上来看，消费者对转基因食品处于较低的认知水平，虽然有些消费者表示有些了解，但当进一步询问其了解哪些转基因食品时却难以准确说出。紧接着，我们询问了消费者对转基因食品的安全性评价。从统计结果来看，大部分消费者认为转基因食品是不安全的。其中，封闭式问卷中认为很不安全和有些不安全的消费者占比分别为 15.02% 和 39.25%，合计超过了一半以上；开放式问卷中对应的比例分别为 19.16% 和 28.92%，合计也处于 1/2 左右（见图 4－8）。此外，还有两成左右的消费者认为转基因食品基本安全。鉴于转基因食品对于大多数消费者来说不是很熟悉，理解其机理需要专门的知识，因此也有 1/5 的被调查者表示不清楚转基因食品的安全性。

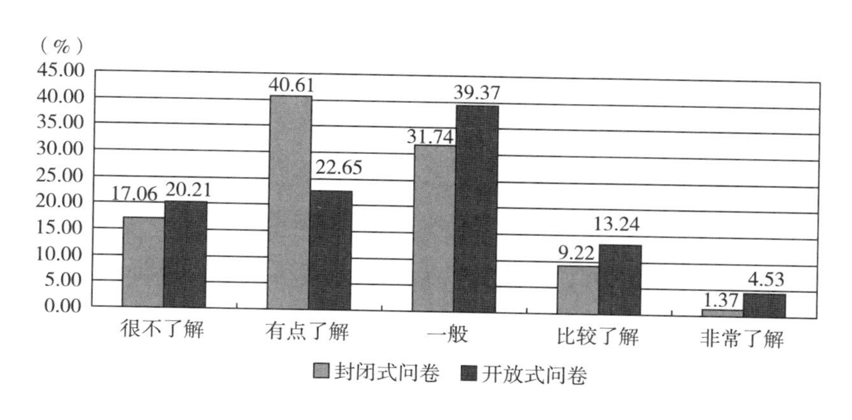

图 4－7 消费者对转基因食品的了解程度

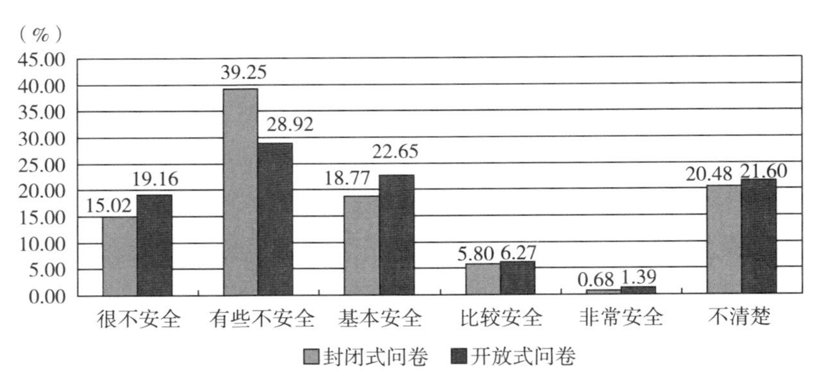

图 4-8　消费者对转基因食品的风险态度

关于转基因食品大豆油的安全性评价方面，消费者的回答与转基因食品的回答非常类似，被调查者普遍表示转基因大豆油与转基因食品一样存在安全风险。比如，封闭式问卷当中分别有 17.75% 和 34.81% 的消费者表示转基因大豆油很不安全和有些不安全，开放式问卷中这两者的比例分别为 18.12% 和 31.01%（见图4-9）。回答基本安全的被调查者占到 1/5 左右，这类消费者认为转基因大豆油的风险是可以接受的，不会带来太大的健康问题，否则也不会被允许在市场上销售。认为转基因食品比较安全和非常安全的消费者总计不到被调查总数的 1/10，这些消费者对转基因大豆油持积极乐观态度，认为转基因大豆油与非转基因大豆油一样安全可靠。这类消费者在个人属性方面一般具有以下特征：年轻、高学历、中等收入、男性偏多。此外，还有 1/5 的消费者对转基因大豆油的安全方面无法做出判断，选择了不清楚其安全性这一回答。

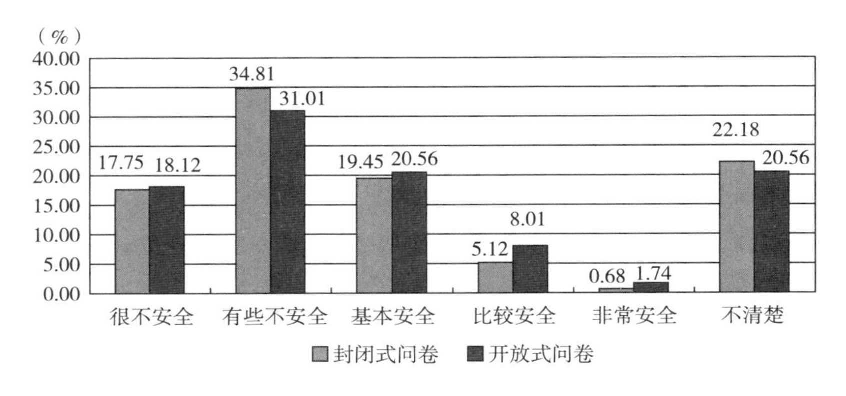

图 4-9　消费者对转基因大豆油的安全评价

当我们询问消费者"您是否清楚自己家消费的大豆油是否转基因大豆油"时，超过一半的消费者表示不清楚。从表4－6中两组数字的对比来看，两套问卷中消费者的回答基本一致，只有四成左右的消费者表示知道自己食用的大豆油为转基因大豆油。通过对消费者这一问题的访谈我们发现，消费者在购买时很少关注标签信息上的转基因文字及标识，根据作者本人在几家超市的调查发现，现有的转基因大豆油只在配料表上说明本大豆油来源于转基因大豆，并没有给予消费者以醒目的标识，导致很多消费者在消费时忽略了这一重要信息。在是否支持转基因大豆油的流行方面，消费者的态度分化为三种类型，一种持支持态度，一种表示强烈反对，还有一种持无所谓、事不关己的心态。统计结果显示，无论是封闭式问卷还是开放式问卷，都有超过一半的消费者表示反对转基因大豆油在市场上流行，仅有不到两成的消费者持支持态度。这说明，目前消费者对整个转基因食品的态度是风险规避的，觉得转基因食品比传统食品存在更大的安全风险。

表4－6 消费者是否清楚自己消费的是转基因大豆油及其态度

封闭式问卷（Ⅰ）				开放式问卷（Ⅱ）			
变量	分类	人数	比例（%）	变量	分类	人数	比例（%）
是否清楚自己家消费的大豆油是否转基因大豆油	清楚	122	41.98	是否清楚自己家消费的大豆油是否转基因大豆油	清楚	128	44.6
	不清楚	170	58.02		不清楚	159	55.40
是否支持转基因大豆油在市场上流通	支持	43	14.68	是否支持转基因大豆油在市场上流通	支持	55	19.16
	不支持	175	59.73		不支持	148	51.57
	无所谓	74	25.60		无所谓	84	29.27

关于消费者是否信任经过安全认证的转基因大豆油方面，我们也调查询问了消费者的态度。从调查结果来看，消费者的态度是比较分化的。以封闭式问卷为例，仅有5.46%的消费者表示非常信任经过认证的转基因大豆油，认为经过认证的转基因食品与非转基因食品一样安全。持比较信任态度的消费者接近1/3，这类消费者虽然相信经过权威机构的检测和证明，转基因食品在一定

程度上减少了风险，也与传统食品相比仍然存在较低概率的健康风险，所以基本上可以信任这些认证（见图4－10）。觉得一般信任的消费者在态度上其实并不明确，这一类消费者占到总数的37.20%，他们如果更清楚转基因食品的原理，获得更多信息，其态度将会发生明显的转变。从整体而言，市场上对转基因大豆油信任和不信任的消费者各占一半左右，消费者并没有呈现“一边倒”的现象，这反映了消费者基本上是理性的，也期待更多食品安全知识的普及，认证机构需要做更多的工作提高自身的认可水平。

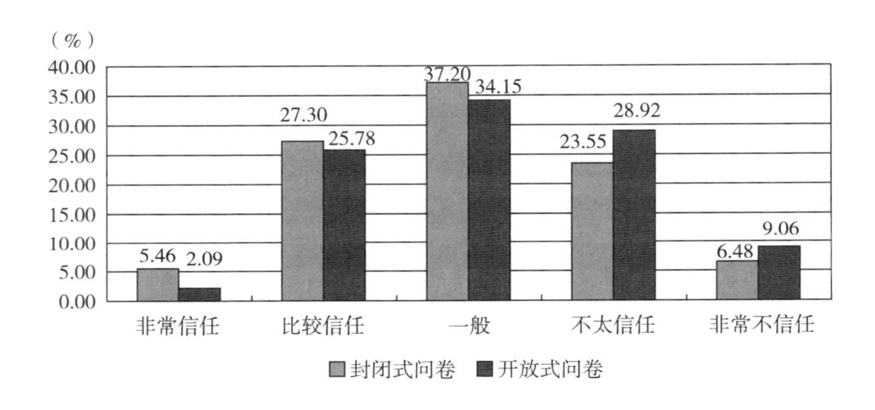

图4－10 消费者对转基因大豆油认证的信任态度

六、WTP的取值区间与概率分布

为调查消费者对非转基因大豆油的支付意愿，本书在调查问卷中对转基因的风险做了情景描述。转基因大豆是在保持大豆营养成分含量和组成不变的前提下，为更好地保护其不受害虫的侵袭把某些细菌的基因接入大豆的植株中。目前，我国有80%的大豆属于进口转基因大豆，因其出油率高而受到油料企业的青睐。转基因豆油与非转基因豆油在营养成分、口感、色泽等方面完全一致，其唯一的不同在于转基因豆油可能存在五大安全风险：一是对基因的人工提炼和添加可能增加食物的微量毒素；二是可能引起人体对食物的过敏反应；三是可能会破坏食物中的有益成分；四是可能使人体产生对抗生素等药物的抗药性；五是可能威胁生态环境。通过这些描述，询问消费者是否愿意为非转基

因大豆油进行支付，如果愿意则进一步询问具体支付金额。消费者在两套问卷当中的支付意愿和概率分布如表4－7所示。

表4－7　支付意愿的取值及概率分布

封闭式问卷（Ⅰ）				开放式问卷（Ⅱ）			
意愿值（元/升）	人数	比例（%）	累计频率（%）	意愿值（元/升）	人数	比例（%）	累计频率（%）
0	77	26.37	26.37	0	98	34.15	34.15
0.3	11	3.77	30.14	1	2	0.70	34.85
0.5	10	3.42	33.56	2	17	5.92	40.77
0.8	25	8.56	42.12	3	13	4.53	45.30
1.0	25	8.56	50.69	4	3	1.05	46.35
1.2	14	4.79	55.48	5	29	10.10	56.45
1.5	21	7.19	62.67	6	9	3.14	59.59
2.0	22	7.53	70.21	7	4	1.39	60.98
2.5	8	2.74	72.95	8	7	2.44	63.42
3.0	4	1.37	74.32	9	3	1.05	64.46
4.0	75	25.68	100.00	10	47	16.38	80.84
				12	2	0.70	81.54
				15	14	4.88	86.41
				20	26	9.06	95.47
				21	1	0.35	95.82
				25	3	1.05	96.87
				30	6	2.09	98.96
				40	1	0.35	99.31
				50	2	0.70	100.00

根据前文的描述，封闭式问卷采取给出随机投标值的方式获得，投标值处于0.3～4.0元/升，共包括0.3、0.5、0.8、1.0、1.2、1.5、2.0、2.5、3.0和4.0这10个具体值。从统计结果来看，消费者的支付意愿相对分散，各个支付区间基本都处于10%以下，其中0支付意愿的消费者也即回答不愿支付的群体占到样本总数的26.37%，支付金额在0.8～1.2元/升和1.5～2.5元/

升的消费者占比相似，基本符合正态分布统计规律。开放式问卷的支付意愿值从1元/升到50元/升不等。结果表明，0支付意愿的消费者占到34.15%，稍高于封闭式问卷的样本比例。占比较高的支付意愿值为10元/升和5元/升，这一比例分别为16.38%和10.10%，说明消费者愿意支付的空间不大，基本上高于目前转基因大豆油价格5~10元/升。此外，开放式问卷中也有部分群体的支付意愿较高，比如愿意为非转基因大豆油每升多支付20元的消费者有9.06%，愿意多支付30元、40元和50元的消费者占比非常低，分别仅为2.09%、0.35%和0.70%。通过对两套问卷支付意愿的对比可以发现，封闭式问卷可以产生较多的正支付意愿，减少了支付值为0现象的发生，并且支付意愿值接近于正态分布，但其存在的不足是仅能知道消费者支付意愿的区间范围，而难以像开放式问卷那样获得消费者支付意愿的具体金额。因此，这两种问卷类型可以清楚地展现支付意愿研究中存在的不同现象，进行对比研究能够准确地研究消费者支付意愿的分布特征和规律。

第四节　变量选择与检验

一、被解释变量

根据赫克曼备择模型和研究对象的需要，本部分的因变量为两个：一个是消费者是否愿意为非转基因大豆油支付额外价格，另一个是愿意支付的具体价格水平。由于给出支付价格的消费者仅是总体样本中表达支付意愿的消费者，因此第二个因变量的数目小于第一个因变量的数目。在模型的处理当中，对不愿意为非转基因大豆油支付的消费者将其支付意愿表示为0，这也是多数文献的做法。

二、解释变量

本部分的解释变量根据前景理论和变量特征，将其分为六个类型。分别是消费者的个体特征、家庭经济特征、食品安全风险态度、转基因食品认证的信任程度、食品安全信息寻求、大豆油产品信息对消费者是否购买的重要性，具体如表4-8所示。其中，消费者的个体特征包括三个变量，分别是消费者的性别、年龄和受教育程度。家庭经济特征中，主要考察了经济变量也即消费者家庭月平均收入和月平均支出如何对其支付意愿和支付水平产生影响，多数文献的研究证实了消费者的支付意愿受制于经济水平，但是已有研究当中较少将经济变量进行区分并细化为月收入和月食品支出。消费者对当前食品安全的风险态度方面反映了其内心的风险偏好，进而对支付意愿产生影响，因此本部分将其纳入模型进行考察。认证制度是对产品质量的一个第三方评价，消费者对转基因食品认证的信任程度这一变量体现了其对经过认证的产品是否相信及具体程度，如果消费者信任经过认证的非转基因大豆油，那么即使价格较高其也倾向于愿意支付，否则即使是较高质量的产品也难以在市场交易中获得优质优价，从而出现“劣币驱逐良币”现象。食品安全问题频繁出现的一个重要原因是信息失灵和不对称，因此模型当中也考察了消费者是否主动寻求食品安全信息及不同产品的信息属性对消费者是否购买产生影响，如果是，那么就说明这一类信息对消费者的支付意愿和支付水平产生重要作用。

表4-8　消费者对非转基因大豆油支付意愿的变量设置及定义

变量	定义	取值	均值（标准差）封闭式问卷	均值（标准差）开放式问卷
因变量				
支付意愿（y_1）	消费者是否愿意为非转基因大豆油支付额外的价格	是=1，否=0	0.745（0.438）	0.658（0.475）
支付水平（y_2）	愿意支付的具体价格	单位：元/升	1.619（1.553）	7.097（8.480）
自变量				

续表

变量	定义	取值	均值 （标准差） 封闭式问卷	均值 （标准差） 开放式问卷
消费者的个体特征	性别（gender）	虚拟变量，男=1，女=0	0.454 （0.499）	0.456 （0.498）
	年龄（age）	消费者的实际年龄	33.229 （12.347）	28.376 （7.984）
	受教育程度（education）	小学以下=1；初中=2；高中或中专=3；大专及本科=4；研究生及以上=5	3.894 （0.854）	4.216 （0.816）
家庭经济特征	家庭月平均收入（income）	3000元以下=1；3000～6000元=2；6001～8000元=3；8001～10000元=4；10001～20000元=5；20000元以上=6	2.672 （1.520）	3.212 （1.736）
	家庭月平均支出（expend）	800元以下=1；801～1500元=2；1501～2500元=3；2500元以上=4	2.465 （0.972）	2.306 （0.962）
	家中是否有13岁以下小孩（kids）	有=1；没有=0	0.385 （0.481）	0.310 （0.463）
食品安全风险态度	对食品安全的风险认知和感觉（concern）	非常严峻=1；比较严峻=2；一般=3；比较安全=4；非常安全=5	3.640 （1.175）	3.578 （1.027）
	对转基因大豆油安全的风险认知（gmcognition）	非常不安全=1；不太安全=2；一般=3；比较安全=4；非常安全=5	2.345 （0.855）	2.675 （0.973）
转基因食品认证的信任程度	是否信任经过安全认证的非转基因大豆油（gmtrust）	非常不信任=1，不太信任=2；一般=3；比较信任=4；非常信任=5	3.003 （0.993）	3.170 （0.983）
信息寻求	是否主动寻求食品安全信息（inform）	是=1，否=0	0.672 （0.473）	0.508 （0.500）
大豆油产品信息对购买的重要性	价格对是否购买的重要性（price）	完全不重要=1；不怎么重要=2；一般=3；比较重要=4；非常重要=5	3.276 （0.946）	3.418 （1.017）
	转基因安全认证对是否购买的重要性（securitycertifi）	完全不重要=1；不怎么重要=2；一般=3；比较重要=4；非常重要=5	4.069 （0.987）	3.926 （1.030）
	原产地认证对是否购买的重要性（origincertifi）	完全不重要=1；不怎么重要=2；一般=3；比较重要=4；非常重要=5	3.414 （1.051）	3.386 （0.986）

第五节　实证模型设定

本研究测算消费者支付意愿和补偿意愿是基于前景理论，实证模型选择赫克曼备择模型。该模型的特点是分两阶段进行，主要目的是避免样本选择偏误导致的测量偏差。众所周知，实验科学的样本性质比较稳定，样本偏差较小，即使存在样本偏差也可以通过正交实验等实验设计来避免。但是社会科学则不然，由于其研究变量多与人相关，呈常态分布，故基本无法通过实验来控制，这就导致样本偏差问题普遍存在。并且，样本偏差与人们的自选择行为联结紧密，就算选择了恰当的抽样方法也无法彻底避免样本偏差。赫克曼（1979）较早地注意到在 OLS 估计中样本选择问题可能导致系数估计值存在偏差，并提出了一个解决方案称为赫克曼备择模型，下面根据研究的具体问题进行这个模型的说明。

根据假设价值评估法的情景设问原则，首先问及消费者是否愿意为非转基因大豆油支付一定的费用，如果愿意，那么继续询问其愿意支付的最大金额是多少。在此基础上，当对消费者是否愿意为食品状况的改善支付一定费用（或保持现状不便而愿意接受的补偿）进行估计时，最为直接的方法是普通最小二乘法（OLS），设：

$$P_i = X_i\beta' + \varepsilon_i \tag{4-1}$$

其中，P_i 为对观测到的消费者愿意支付或接受的比例，X_i 为解释变量，也即影响到其支付意愿或补偿意愿的各种社会经济学变量。β'为需要估计的参数，ε_i 为随机误差项。但由于所观测到的消费者并非样本总体的随机选择，而是总样本中回答愿意支付或接受补偿的消费者，因此，这种选择可能导致有偏的系数估计，即出现“选择性偏误”（Selection - bias）。为了避免这个问题，采用赫克曼备择模型可以有效地避免这个问题。这一估计方法分为两个阶段进行，我们以消费者的支付意愿为例进行说明。

首先，在第一阶段，以“是否愿意为食品安全的改善而支付一定的溢价”

作为第一阶段估计的被解释变量，使用社会统计学变量对被调查消费者全体进行 Probit 估计，以确定消费者支付意愿的影响因素。考虑到消费者在了解该制度时，其收益和成本的具体数据都是未观测到的，这样其净收益 Y_i^* 就为未观测变量，即潜在变量。因此我们利用一个代理变量 Y_i 近似地代表 Y_i^*，这样就有

$$Y_i^* = Z_i\gamma' + u_i \tag{4-2}$$

$$Y_i\ (WTP) = \begin{cases} 1,\ Y_i^* = Z_i\gamma' + u_i > 0,\text{消费者愿意支付} \\ 0,\ Y_i^* = Z_i\gamma' + u_i \leqslant 0,\text{消费者不愿意支付} \end{cases}$$

其中，Z_i 为解释变量，γ'为待估参数，u_i 为随机扰动项，假定其独立于自变量。由于我们只关心潜在变量的符号，故方差的大小不影响以下的分析。假定 u_i 服从标准正态分布，于是 $Y_i=1$ 也即消费者愿意支付的概率为

$$\text{Prob}(Y_i = 1) = F(Z_i\gamma') = \Phi(Z_i\gamma') = \int_{-\infty}^{Z_i\gamma'} \phi(t)dt \tag{4-3}$$

其中，$\text{Prob}(Y_i=1)$为消费者愿意支付溢价的概率，它可以由消费者的社会统计学等一系列变量来解释；$\phi(\cdot)$和$\Phi(\cdot)$分别为标准正态分布的密度函数和相应的累计密度函数。

其次，在第二阶段，考虑到在方程（4－1）OLS 估计中可能存在选择性偏误，所以需要从第一阶段方程（4－3）Probit 估计式中得到转换比率（Inverse Mills Ratio）λ，作为第二阶段修正方程（4－1）的修正变量。λ 由以下公式获得

$$\lambda = \frac{\phi(Z_i\gamma'/\sigma_0)}{\Phi(Z_i\gamma'/\sigma_0)} \tag{4-4}$$

最后，将 λ 放入方程(4－1)的估计中作为一个额外变量以纠正选择性偏误，即新方程为

$$P_i = X_i\beta + \lambda\alpha + \eta_i \tag{4-5}$$

其中，X_i 为解释变量，α 和 β 为需要估计的参数，λ 为修正变量，η_i 为随机误差项。利用 OLS 方法对方程（4－5）进行估计，如果修正变量 λ 显著，则证明选择性偏误是存在的；反之，则表明选择性偏误不存在，就可以认为方程（4－1）的 OLS 估计有效。

经过赫克曼备择模型修正后的支付意愿需要考虑逆米尔斯比率，也即为 $E(WTP)=c+\beta\bar{x}+\alpha\bar{\lambda}$。其中，$c$ 为常数项，β 为回归系数，$\bar{x}$ 为显著的变量，α 为逆米尔斯的回归系数，$\bar{\lambda}$ 为逆米尔斯比率的平均值。

利用这个过程不仅避免了传统研究方法可能导致的选择性偏误的问题，也可以准确地算出其支付意愿的大小和具体影响因素。由于消费者的支付意愿和补偿意愿是效用变化的两个相反的过程，因此可以用同样的方法测出。所以，消费者对食品安全的补偿意愿的测算方法相同。

第六节　计量结果分析

一、支付意愿的影响因素分析

（一）封闭式问卷回归结果分析

在模型回归之前，做了变量之间的相关性检验，发现封闭式问卷当中家中是否有小孩与转基因的信任程度、消费者对食品安全的风险态度和产品信息属性与对转基因大豆油的风险认知存在显著的相关性，因此回归分析当中剔除家中是否有小孩、消费者对食品安全的风险态度和产品信息等自变量。此外，由于第二个因变量 0 值较多，采取将其取对数再加 1 的方式处理。由于赫克曼备择模型在第二次回归需假定因变量为正态分布，因此回归之前也做了正态分布的检验，检验结果如图 4－11 所示。

封闭式问卷的实证结果如表 4－9 所示，其中第一列为变量名称，第二列为赫克曼备择模型第一阶段的 Probit 模型分析消费者是否愿意为非转基因大豆油支付额外价格，第三列为赫克曼备择模型第二阶段回归结果，为了考察模型的稳健性与赫克曼备择模型，第四列给出了用 OLS 的回归结果。赫克曼备择模型的瓦尔德卡方为 156. 19，表明赫克曼备择模型回归结果良好。代表样本偏差的逆米尔斯比率的 p 值为 0. 083，在 10% 的统计水平上显著，说明封闭式问卷存在样本偏差，使用赫克曼备择模型进行修正是十分必要的。

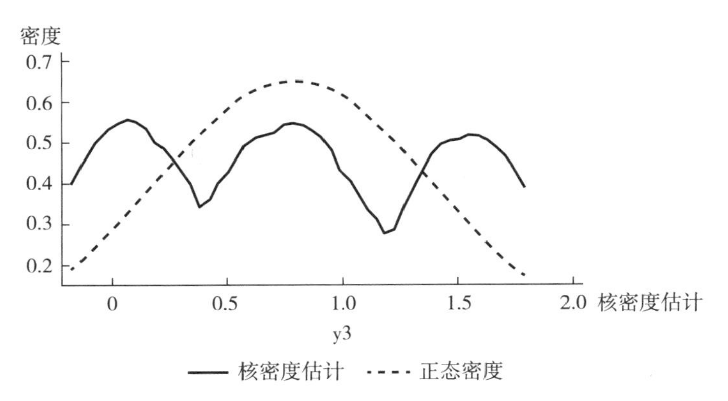

图 4-11 封闭式问卷因变量正态分布检验

表 4-9 封闭式问卷样本回归结果

变量	赫克曼备择模型 第一阶段	赫克曼备择模型 第二阶段	稳健性考察（Robust） OLS 回归
年龄（age）	-0.015（0.043）**	-0.003（0.287）	0.002（0.473）
性别（gender）	-0.066（0.695）	-0.466（0.368）	-0.016（0.806）
受教育程度（education）	0.254（0.019）***	0.035（0.480）	0.105（0.014）**
家庭月均收入（income）	0.110（0.066）*	0.164（0.000）***	0.039（0.061）
家庭月均食品支出（expend）	0.222（0.015）***	0.041（0.365）	0.083（0.021）**
食品安全风险认知（concern）	-0.025（0.735）	—	0.164（0.000）***
食品信息寻求（information）	0.213（0.236）	—	0.018（0.793）
转基因认证信任程度（gmtrust）	-0.157（0.068）*	0.181（0.569）	-0.028（0.376）
常数项	-1.200（0.064）*	0.380（0.421）	-0.659（0.010）**
观察值	292	216	292
逆米尔斯比率（lambda）	—	0.936（0.083）*	—
Rho		0.644	Prob > F = 0.000
Wald chi^2（6）		156.19	Adj R-squared = 0.209
Prob > chi^2		0.000	R-squared = 0.234

注：①括号内数值为 p 值；②***、**和*分别表示在1%、5%和10%的统计水平上显著。

从回归结果来看，影响消费者是否愿意为非转基因大豆油支付的因素包括消费者的年龄、受教育程度、家庭月均收入、家庭月均食品支出和转基因食品的信任程度。其中年龄因素表明，消费者的年龄越大，其愿意为转基因大豆油进行支付的概率就越低，说明随着年龄的增长，消费者的风险规避行为更加明显，况且年龄较大的消费者比年龄低的消费者更加趋于保守，特别是老年人还受制于经济收入的限制，因而表现出较低的支付概率。受教育程度对消费者非转基因大豆油支付意愿的影响为正且在1%的统计水平上显著，表明受教育程度越高的消费者越愿意为转基因大豆油支付额外的价格，这是因为受教育程度不仅影响到消费者的信息获取水平，也影响到消费者的食品安全感知和风险感知情况，对转基因食品存在的风险更加敏感。调查访问当中也证实，受教育程度越高的消费者对转基因食品的认知越深刻，从而对转基因食品的态度更加鲜明，表现出强烈的抵触情绪，从而愿意为非转基因大豆油在内的非转基因食品支付额外的价格。家庭收入和支出对消费者支付意愿的影响均显著，表明经济因素对消费者支付意愿的制约较大。调查中也发现，很多消费者表示虽然自己对转基因大豆油存在安全性担忧，但主要考虑的还是产品价格和自身收入，如果价格合适自己仍会购买，这与侯守礼等（2004）的研究相一致。转基因认证的信任程度变量对消费者是否愿意支付影响为负且显著，这意味着消费者越信任转基因食品安全认证其支付意愿越低，这符合之前的预期。关于影响消费者对非转基因大豆油支付金额的因素，回归结果中仅有家庭月收入这一变量显著，反映了经济因素是目前限制北京市消费者额外支付的主要考虑因素。通过对模型直接进行OLS回归发现，消费者的受教育程度、家庭月均食品支出和食品安全的风险认知等变量影响显著，说明回归结果比较稳健，且风险认知因素对消费者的支付意愿产生较大影响，这与前景理论的预测基本一致。

（二）开放式问卷回归结果分析

在对封闭式问卷的数据进行建立赫克曼备择模型分析后，本书对开放式问卷也进行了赫克曼备择模型分析。开放式问卷数据回归结果良好且稳健，与封闭式问卷的回归结果不同的是，开放式问卷的逆米尔斯比率显著，表明开放式问卷存在样本偏差，这是由于开放式问卷通过邮寄方式获取，这在一定程度影响了样本的随机性，在调查群体方面存在分散性不足的问题。与此同时，开放式问卷的消费者在回答支付意愿时在具体金额上容易偏离正常值，甚至远超过商品的内在价值从而导致回归过程中出现样本选择偏误。这表明，开放式问卷需要经过赫克曼备择模型修正，否则将出现样本选择偏误问题。

在显著因素方面，除了家庭月均收入和转基因安全认证在封闭式问卷和开放式问卷样本回归结果均显著外，性别因素在开放式问卷当中对支付意愿产生显著影响（见表4-10）。性别对转基因大豆油支付的影响主要体现在风险敏感度上，一般而言，女性比男性对风险更加敏感，为避免风险更愿意采取积极措施比如支付高价，回归结果也证实，女性比男性更愿意为非转基因大豆油支付额外的价格。在影响具体支付金额方面，赫克曼备择模型的第二阶段回归结果显示仅有家庭月均收入影响显著，这说明了经济因素仍是制约消费者为非转基因大豆油支付水平的最大因素。这一结论意味着，虽然当前消费者对食品安全问题比较关注，担心转基因食品存在安全风险问题，但是只要价格合适，处在消费者可以接受的区间范围内，很多消费者仍然会选择购买转基因大豆油。通过对开放式问卷样本进行的OLS回归可以发现，消费者的月均收入、转基因安全认证等因素产生显著影响，这印证了赫克曼备择模型第一阶段的回归结果。

表4-10 开放式问卷样本回归结果

	赫克曼备择模型		稳健性考察（Robust）
变量	第一阶段	第二阶段	OLS回归
年龄（age）	-0.002（0.810）	-0.010（0.152）	-0.010（0.302）
性别（gender）	-0.315（0.049）**	—	-0.098（0.486）
受教育程度（education）	0.071（0.492）	0.061（0.425）	0.057（0.542）
家庭月均收入（income）	0.147（0.004）***	0.166（0.000）***	0.204（0.000）***
家庭月均食品支出（expend）	0.018（0.835）		-0.012（0.871）
食品安全风险认知（concern）	0.003（0.966）	0.013（0.801）	-0.001（0.987）
食品信息寻求（informmation）	0.018（0.916）	—	0.058（0.698）
安全认证信息对是否购买的重要性（securitycertif）	0.218（0.015）**	—	-0.160（0.044）**

续表

变量	赫克曼备择模型		稳健性考察（Robust）
	第一阶段	第二阶段	OLS 回归
原产地认证信息对是否购买的重要性（origincertifi）	-0.135（0.161）	—	-0.032（0.699）
转基因食品认证信任程度（gmtrust）	0.056（0.490）	-0.024（0.646）	0.025（0.715）
常数项	-0.757（0.344）	1.334（0.036）**	-0.659（0.010）***
观察值	287	198	287
逆米尔斯比率（lambda）	—	0.660（0.098）**	—
Rho		0.837	Prob > F = 0.002
Wald chi^2（6）		19.08	Adj R - squared = 0.062
Prob > chi^2		0.004	R - squared = 0.098

注：①括号内数值为 p 值；②***、**和*分别表示在1%、5%和10%的统计水平上显著。

（三）整体样本回归结果分析

同样，在进行样本的分析之前，本书同样做了正态分布的假设检验，以确定模型适用的合理性问题。从正态分布的拟合图上来看，整体样本中消费者的支付意愿值基本上接近于正态分布点，仅有左半部分也即较少支付金额部分的消费者偏离正态分布，这是由于封闭式问卷当中存在部分较小支付意愿消费者导致的（见图4-12）。遵循之前的思路，首先对整体样本做了赫克曼备择模型两阶段回归。回归结果发现，逆米尔斯比率在5%的统计水平上显著，表明整体样本存在选择性偏误问题，这一现象是由开放式问卷中的偏误引入的，在对两套问卷进行分别回归之后发现仅在开放式问卷当中存在选择性偏误，因此将其放入样本中同样难以避免，这再次验证了采用赫克曼备择模型进行修正的必要性和合理性。为确保回归结果的稳健性，并进行有效对比，在赫克曼备择模型回归之后又做了 OLS 回归分析。结果显示，显著性变量基本一致，没有因为变量选择问题而出现偏差。

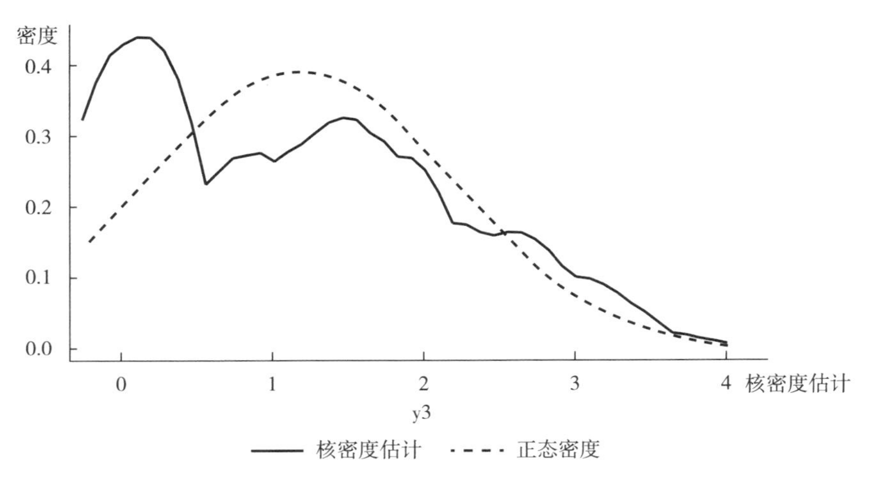

图 4－12 整体样本因变量（n＝579）的正态分布检验

从回归结果来看，影响消费者是否支付的显著性变量主要包括消费者的年龄、受教育程度、家庭月均食品支出、食品安全风险认知、食品安全信息寻求和价格信息及转基因安全认证等因素对是否支付产生正向影响但不显著。影响消费者为非转基因大豆油支付金额的因素主要包括受教育程度和家庭月均收入，OLS 的回归结果显示消费者的受教育程度、家庭月均收入和食品安全的风险认知等因素影响显著（见表 4－11）。

表 4－11 整体样本回归结果

变量	赫克曼备择模型		稳健性考察（Robust）
	第一阶段	第二阶段	OLS 回归
年龄（age）	0.012（0.037）**	－0.007（0.292）	－0.005（0.230）
性别（gender）	－0.171（0.135）	—	－0.074（0.372）
受教育程度（education）	0.200（0.006）***	0.196（0.061）*	0.157（0.004）***
家庭月均收入（income）	0.026（0.444）	0.083（0.026）**	0.068（0.008）***
家庭月均食品支出（expend）	0.161（0.010）***	0.059（0.508）	－0.042（0.346）

续表

	赫克曼备择模型		稳健性考察（Robust）
变量	第一阶段	第二阶段	OLS 回归
食品安全风险认知（concern）	-0.019（0.734）	0.013（0.801）	0.093（0.022）**
食品安全信息寻求（inform）	0.124（0.313）	—	-0.074（0.408）
价格信息对是否购买的重要性（price）	-0.055（0.345）	—	-0.021（0.609）
安全认证信息对是否购买的重要性（securitycertif）	0.099（0.118）	—	-0.029（0.528）
原产地认证信息对是否购买的重要性（origincertifi）	-0.036（0.568）	—	0.008（0.861）
转基因认证信任程度（gmtrust）	-0.064（0.269）	-0.007（0.910）	0.016（0.684）
常数项	-0.917（0.108）	-0.252（0.807）	-0.011（0.978）
观察值	579	405	579
逆米尔斯比率（lambda）		1.285（0.096）**	—
Rho		0.837	Prob > F = 0.000
Wald chi^2（6）		27.66	Adj R - squared = 0.055
Prob > chi^2		0.000	R - squared = 0.075

注：①括号内数值为 p 值；②***、**和*分别表示在1%、5%和10%的统计水平上显著。

首先，从第一阶段回归结果来看，消费者的个体特征对消费者是否愿意为非转基因大豆油进行支付产生重要影响。其中，年龄因素在5%的统计水平上显著且产生正向影响，表明随着年龄的增长消费者更愿意购买非转基因大豆油，年纪较大的消费者购买的倾向高于年轻的消费群体。其中的原因一方面在于年龄较大的消费者在年轻时一直食用的都是健康的食品，随着年龄的增长目睹了环境破坏和生态污染等带来的食品安全问题，因此更加怀念和向往健康优质的食品。访谈中一些中老年人消费者表示，一方面在自己年轻时环境良好，虽然吃得不好但食品都很健康，对当前环境、人为和技术等因素对食品质量安全的破坏十分反感，强烈反对用技术改造和加工过的食品。另一方面的原因在于，中老年消费群体拥有更多的闲暇时间，对自身健康的重视程度较高，对影响食品安全进而不利于健康的因素更加敏感，因此对转基因大豆油而言，中老年消费群体比年轻消费群体更愿意购买安全的食品，也就愿意为非转基因大豆油进行支付。受教育程度对消费者是否愿意支付产生显著影响，主要表现在受教育程度较高的消费者对转基因食品风险的认知越深刻，越能感受到技术风险对人体健康的危害，从而更加愿意为非转基因大豆油进行支付。家庭月均食品支出对消费者是否愿意为非转基因大豆油进行支付在1%的统计水平上显著，表明消费者的家庭食品支出越多也就越愿意为非转基因大豆油进行支付。这其中的原因在于，食用油不仅是居家生活的必需食品，也构成了消费者食品支出的重要组成部分，消费者生活质量的提高和改善无不与食用油使用的增多有着密切关系，因此家庭食品支出对消费者非转基因大豆油产生显著影响。

其次，从赫克曼备择模型第二阶段来看，仅受教育程度和家庭月均收入两个变量影响消费者对转基因大豆油的支付水平。关于受教育程度，模型回归结果显示，消费者的受教育程度越高，其支付的金额也越大。受教育程度不仅影响消费者是否愿意为非转基因大豆油进行支付，也影响支付的金额大小和水平。这是由于受教育程度反映了消费者的人力资本水平，这一变量不仅反映了消费者的信息获取能力和风险偏好，而且是消费者经济收入层次的一个重要指标。一般而言，消费者的受教育程度越高，那么也就意味着能够获得较高的收入水平，这在描述性分析当中已经得到证实。此外，消费者的家庭月均收入对消费者愿意为非转基因大豆油的支付金额产生显著影响。如前所述，消费者的家庭收入等经济情况不仅直接衡量了其食品购买能力和产品需求，也在一定程度上表达了消费者购买高质量高价格食品的诉求，经济能力越强的消费者，越能够购买较高价格的食品。因此，家庭月均收入水平越高的消费者，对食品价格越不敏感，也就愿意为较为安全的非转基因大豆油支付高价。这在一定程度上反映了当前我国消费者对食品安全态度的基本价值取向，一方面十分关心食品安全问题，希望购买和消费到较为安全的食品；另一方面由于收入水平的限制难以实现对优质食品的实际消费，居民的收入水平在相当程度上限制了消费者推动食品安全改善的动力。除了上述因素外，消费者的职业、家庭月均食品

支出、食品安全风险认知和信息寻求行为并不对其为非转基因大豆油支付额外价格产生显著影响，但是这种影响是客观存在的。比如，消费者的信息寻求行为对消费者支付金额产生正向影响，表明消费者越是主动寻找食品安全信息，越愿意为非转基因大豆油支付较高价格，其原因在于信息寻求行为反映了消费避免风险的主观期望，为了避免食品安全风险的发生也就愿意为食品安全支付较高的价格。

最后，从OLS回归结果来看，消费者的支付意愿受到受教育程度、家庭月均收入和食品安全风险认知的影响。消费者受教育程度和家庭月均收入对其支付意愿产生影响，具体原理与上述分析类似。其中，消费者的风险认知程度在本阶段影响显著，说明风险认知程度越高，其支付意愿值也就越高，这是因为消费者的风险认知高反映了消费者对风险较为敏感，从而更加愿意为避免这种风险而支付较高的价格。与此同时，较高风险认知程度的消费者风险规避行为越明显，所以为了规避转基因食品可能存在的种种健康风险也就愿意进行支付。在信息寻求方面，OLS回归结果表明信息寻求行为对支付意愿产生负向影响，其原因可能是一部分消费者在主动寻求食品安全信息时陈述了较低的食品安全支付意愿。价格信息同样对支付意愿产生负向影响，表明消费者觉得价格对是否购买大豆油越重要，越不愿意为非转基因大豆油支付额外价格。在安全认证方面，消费者对大豆油安全认证的信任程度越高，越不愿意为非转基因大豆油支付溢价，这是由于如果信任认证的转基因大豆油，就表明转基因大豆油和非转基因大豆油构成替代关系，也即认为转基因大豆油与非转基因大豆油一样安全，所以也就不愿意购买非转基因大豆油。与安全认证信息不同的是，大豆油的原产地认证信息对支付意愿产生正向影响，这是由于原产地在很大程度上表明了是否为转基因大豆油。目前，我国进口的大豆基本为转基因大豆并用于榨油，山东是第一大大豆进口省，其次分别是江苏、辽宁、广东、河北等省，因此这些产地的大豆油多为转基因大豆油，而市场上标明非转基因大豆油的多为东北地区等原产地，所以越重视原产地认证信息，就越愿意为非转基因大豆油进行支付。

二、封闭式问卷与开放式问卷支付意愿对比分析

根据参照Hanemann（1991）和公式（4－6）的计算方法，可以分别计算

出封闭式问卷和开放式问卷样本消费者对非转基因大豆油的支付意愿。为确保计算结果的准确性，在计算过程中本书仅将在模型中回归显著的系数纳入计算当中。封闭式问卷当中，回归显著的因素分别为消费者的年龄、受教育程度、家庭月均收入、家庭月均食品支出和消费者对转基因认证标识的信任程度，开放式问卷当中仅有消费者的性别、家庭月均收入和安全认证信息显著。为了与实际调查结果进行对比，分析赫克曼备择模型模拟的准确性，表 4－12 给出了不同计算方法下的消费者支付意愿。

表 4－12　消费者对非转基因大豆油的支付意愿值

样本类型 计算方法	封闭式样本数据 （元/升）	开放式样本数据 （元/升）	溢价比例 （%）
样本均值	1.619	7.097	8.09～35.48
WTP 期望值（样本加权）	1.635	7.102	8.17～35.51
赫克曼备择模型模拟	2.056	1.553	7.76～10.28

通过对表 4－12 中消费者对非转基因大豆油支付意愿值的比较分析，可以得出以下三点结论。

第一，消费者对非转基因大豆油的平均支付意愿值偏低。经过赫克曼计算方法得出的支付意愿值处于 1.5～2.1 元，说明消费者对非转基因大豆油的支付是较低的。虽然消费者表达了对食品安全的强烈诉求，十分关心食品质量安全问题，但在大豆油的支付意愿方面却不愿意多支付溢价来购买非转基因大豆油。其背后的原因主要是由于非转基因大豆油等食品存在质量的二重性：一是市场属性，即食品质量是在市场竞争中通过消费者的选择以优胜劣汰的方式来实现的；二是公共属性，由于厂商与消费者经济地位的不对等，以及食品质量信息的不对称，导致自由的市场竞争无法实现社会合意的结果，此时质量需要由政府来提供，如对假冒伪劣的打击，对涉及的重大质量安全食品严加监管等（罗连发，2013）。根据这一分析，消费者从其购买的食品如大豆油中所能获得的质量满意度取决于两个方面：一个是其对食品的支付能力，这是由消费者的可支配收入等经济条件决定的，更高的收入可以购买更高质量的食品；另一

个是由质量消费环境等外部条件所决定的，如政府的质量监管能力和水平，公民的质量感知，社会的诚信意识等。因此，消费者较低的支付意愿反映了其不愿意为改善食品质量而进行支付，并且认为即使进行了支付也难以改善食品质量安全状况，这种对食品质量安全满意度较低和期望政府改善食品安全的愿望反映在支付意愿上就是较低的现状。

第二，封闭式问卷得出的支付意愿值更加准确和稳定。通过对比封闭式问卷和开放式问卷可以发现，无论是采用期望值计算还是赫克曼备择模型模拟计算，得出的结果都是较为稳定的，产生的波动也较小，且与实际调查的结果最为接近。相比于封闭式问卷，开放式问卷产生了更大的离差，支付意愿值的波动幅度远大于封闭式问卷的取值区间。这说明，在研究消费者的支付意愿方面，封闭式问卷更加可靠和准确。鉴于上述分析，未来在食品安全支付意愿的研究中，需要综合考虑问卷设计，选择合适的问卷设计方式并对研究结果进行适当修正。

第三，为了与已有研究进行对比，表4－13对与支付意愿有关的文献做了部分梳理，从中可以看出，已有关于支付意愿的研究对象涉及环境保护、有机食品、公共物品、资环使用价值等方面，测算方法所使用的模型工具多使用Logit、Probit或者Tobit，这与本书所使用的赫克曼备择模型存在一定的差别，已有文献的研究模型多是现象的离散模型，而本书研究所使用的模式是双变量的联立模型，而且有效消除了样本选择偏误导致的测量误差问题。此外，在测算支付意愿在结果上出现了较大的差别，这因研究对象和测算方法的不同而有较大变化。本书所使用的赫克曼备择模型，测算的消费者关于转基因大豆油的支付意愿为2.056元/升，溢价比例为7.76%～10.31%，这与已有支付意愿的研究结果基本接近。但与已有关于支付意愿研究不同的是，本书在样本选择方面根据假设价值评估法（CVM）设计了两套问卷，选择了赫克曼备择模型测算了两套问卷的支付意愿，这在研究数据选择、样本设计、测算方法等方面都比以往文献做了较大改进和创新，为分析消费者对转基因食品的偏好和市场定价提供了重要参考。

表 4－13　本书结果与已有文献的比较

文献	研究对象	方法	样本量	WTP
李腾飞（2014）	转基因大豆油	赫克曼备择模型	封闭式 292，开放式 287	封闭式问卷为 2.06 元/升，开放式问卷 1.55 元/升
Rolfe 和 Windle（2011）	大堡礁的保护价值	分样本选择模式	1919	每户愿意每年支付 $ 21.68
Han 等（2012）	韩国消费者对进口大米的支付意愿	实验拍卖法	75	愿意为美国进口大米多支付 10.7%，中国进口大米多支付 5.7%
Shang－Ho Yang（2013）	野牛肉	截尾模型	2644	每磅 $ 0.66～$ 0.74
Owusu 和 Anifori（2012）	有机食品	二元 Tobit 模型	429	每千克 1.036 美元
Chengyan Yu 等（2012）	低投入型住宅草坪	对数线性模型	136	每英尺 $ 1.10～$ 2.00
Chowdhury 等（2011）	生物强化食品	多项式概率（MNP）	467	折扣 30% 的价格愿意支付
Kallas 等（2007）	农业多功能性	对数线性模型	1788	2.87 欧元每年用于保护濒危物种，24.93 欧元每年用于有机农业生产
Loomis 和 Muellerr（2013）	居住地的距离	贝叶斯空间概率模型	684	每人愿意支付 $ 17
Petrolia 等（2012）	路易斯安那州的湿地	多元对数线性模型	3464	每个家庭愿意支付 $ 1000
Willis 等（2012）	南卡罗来纳州	对数线性模型	824	愿意为本地食品每磅多支付 $ 0.43
Bernard（2010）	马里兰、宾夕法尼亚等州的本地食品	截尾模型	1000	愿意为非转基因西红柿每磅多付 $ 1.82

第五章　测算消费者的补偿意愿

第一节　引言

食品安全作为重大民生问题，一直都是社会各界关注的焦点和政府部门监督管理的重点。这是因为，食品安全不仅关系到消费者是否能吃到安全放心的食品，还关系到居民能否正常生活和工作。每一次食品安全事件的发生，都会产生大量的受害群体，这些群体遭受来自身体、精神和经济等多方面的损失。以“三聚氰胺”事件为例，根据公布数字，截至2008年9月21日，食用含有三聚氰胺成分奶粉的婴幼儿累计39965人，正在住院的有12892人，已治愈出院的有1579人，死亡4人。这起严重的食品安全事件在重创国民消费信心的同时，也导致了巨大的和难以弥补的损失。如何弥补和补偿消费者所遭受的经济和其他损失，一直都是食品安全管理研究的重点问题之一。虽然中国乳制品工业协会在事件发生以后，协调有关责任企业出资筹集了总额11.1亿元的婴幼儿奶粉事件赔偿金，设立了2亿元医疗赔偿基金，用于报销患儿急性治疗终结后、年满18周岁之前可能出现相关疾病发生的医疗费用，以及用于发放患儿一次性赔偿金和支付患儿急性治疗期的医疗费、随诊费。截至2010年年底，已有271869名患儿家长领取了一次性赔偿金。但是，对食品安全损失进行强制赔偿还缺少法律的明确规定和有效的制度保障，同时鉴于消费者是最直接的利益相关方，因此有必要从消费者的角度探讨消费者的受偿意愿、受偿形式和受偿标准等问题。

消费者的食品安全受偿意愿是指，消费者因食用或购买某一企业的食品时所导致的直接经济损失和健康损害而愿意接受来自政府或者企业的经济补偿。目前对食品安全的受偿意愿主要是基于描述性分析，缺少实证分析和理论诠释。已有关于补偿意愿的研究主要是对土地拆迁补偿、生态环境补偿、空气污染补偿和农业政策的补贴和受偿意愿。如葛颜祥等（2009）利用过对黄河流域山东省居民的问卷调查，采用 CVM 方法研究了该区域居民的生态补偿意愿。在分析耕地生态服务功能特征及耕地资源和社会经济环境等对耕地生态影响的主要因素的基础上，高汉琦等（2001）采用条件价值评估法中连续型的支付卡方式调查了焦作市农户不同情景下对耕地生态效益的支付意愿和受偿意愿。陈志刚（2009）探讨不同地区农户对耕地保护补偿标准的意愿，并对其影响机理进行理论探讨和实证检验。刘军弟等（2012）研究了陕西省关中灌溉去农户的采纳节水灌溉技术的受偿意愿并构建不确定状态下政府对节水灌溉技术的支付意愿函数和农户对节水灌溉技术的受偿意愿函数。许恒周（2012）采用 CVM 法和 Tobit 计量模型研究了农民对宅基地退出补偿意愿的受偿水平，并检验影响农民受偿意愿的相关因素。另外，较多的研究是关于生态补偿的受偿意愿分析，如张翼飞（2008）从理论和实证上研究了上海市居民对生态环境改善的受偿意愿并比较了其与支付意愿的具体差异及原因。

总结已有文献，现有研究在理论解释上主要是基于期望效用理论，在研究对象方面主要集中于土地问题、生态环境等公共物品和空气、水资源等非市场商品，研究方法上主要采用基于 CVM 方法的情景设计与问卷调查，实证分析多基于 Logit、Probit、Tobit 和 Cox 等模型。已有文献对受偿意愿的研究积累了有益的思路和丰富的材料，但是缺少对食品安全受偿意愿的研究，期望效用理论也存在难以真实反映消费者的行为决策和风险偏好，线性的模型回归分析与真实的消费者受偿意愿分布并不一致。鉴于此，本部分仍然采用上一章节的赫克曼备择模型继续研究和测算消费者对非转基因大豆油的受偿意愿。

第二节 分析框架

根据前景理论，消费者对转基因食品受偿意愿的行为决策可以分为编辑和评估阶段。在编辑阶段，消费根据目前食品安全现状和自身资源禀赋初步判断是否接受食品安全补偿和解释的概率进行简化，从而简化行为决策和快速做出行为反应。在这个过程中，消费者考虑的不是最终的收益结果，而是自己的财富（包括经济财富和健康财富）是处于盈利还是处于亏损。是否盈利取决于消费者所选择的参照点，每个消费者在行为决策时所选取的参照点是不完全相同的，但是很容易受到语言表述的影响。这就要求，在对消费者的受偿意愿进行调查时，除了要根据 CVM 进行情境描述，还要注意诱导的语言以有效获取消费者的真实偏好。在这一基础上，本研究在调查过程中，首先向消费者描述了转基因食品的基本原理、技术优势和安全风险，然后诱导消费者假设消费了转基因食品而遭受损失，是否愿意接受政府或者企业每月进行一定的补偿，但是这一补偿金额是有上限的，封闭式问卷为最高每月 800 元，开放式问卷最高每月 1500 元，分别为市场上转基因大豆油价格的 80 倍和 150 倍（10 元/升）。

消费者在评估阶段的行为决策，主要是对编辑过的前景进行主观评估，主观评估主要是基于对食品安全的风险认知、风险态度、信息水平和个人特征，消费者根据评估的结果选择自己认为估值最高的方案并进行行为决策。选择方案的价值用价值函数和权重函数进行计算，根据卡尼曼等的研究，假设不同的决策方案可以转化为货币收入，不同的方案对应不同情境中事件发生的概率及对应的收入。假设存在方案 A 和方案 B：方案 A 包含各个事件发生的概率为 p_i，对应的货币收入为 x_i，方案 B 包含的各个事件的概率为 q_j，对应的货币收入为 y_j，参考点对应的货币值为 v_0，则当 $\sum_{i}^{m} \pi(p_i)v(x_i - v_0) > \sum_{j}^{m} \pi(q_j)v(y_j - v_0)$ 时选择方案 A 而不是方案 B。

根据这一理论，消费者是否接受食品安全补偿主要考虑的因素有当前食品安全的风险状况也即对食品安全的认知、转基因食品的安全性、产品属性信息（价格、品牌、安全认证和原产地认证等对购买的重要性）、遭受损失和获得补偿的概率大小和自身社会经济特征。其中，消费者是否愿意接受补偿和愿意接受补偿金额的大小是消费者在风险状态下主观评估得出的决策行为决策。消费者根据自己对现实风险和食品安全的认知进行主观判断，估计转基因食品的安全性和自己的购买安全风险概率，如果可能发生食品安全风险或者自身健康容易受到食品安全风险的影响，那么其可能会接受食品安全补偿，如果消费者认为自身健康状况良好，很少消费转基因食品，可能就不愿意接受食品安全补偿，并且受偿意愿较低。

就消费者的风险态度而言，消费者对风险越是敏感，认为食品安全发生风险的概率越大，越可能接受补偿。这是由于，风险态度影响消费者判断食品安全发生和自己遭受损失的概率，认为自己越有可能遭受到食品安全损失越可能倾向于接受补偿，并愿意接受较大数额的补偿。从对转基因食品的认知来看，消费者对转基因食品的认知越高，了解得越深刻，越有可能认为转基因食品越安全，从而越不愿意接受补偿，原因是觉得这种风险发生的概率较低，自己完全有能力避免和减少损失。从消费者的信息接收和寻求来看，消费者是否主动寻求食品安全信息、关注价格、品牌、安全认证和原产地认证信息，也影响到消费者是否愿意接受食品安全补偿，并且对补偿金额产生影响。这是由于，消费者了解的信息和对信息的关注程度影响自己对食品安全风险发生概率的判断，进而影响自己是否愿意接受补偿和接受多少补偿的心理动机。

第三节　模型选择

本研究测算消费者支付意愿和补充意愿是基于前景理论，实证模型选择赫克曼（Heckman，1979）两阶段备择模型。该模型的特点是分两阶段进行，主要目的是避免样本选择偏误导致的测量偏差。众所周知，实验科学的样本性质比较稳定，样本偏差较小，即使存在样本偏差也可以通过正交实验等实验设计

来避免。但是社会科学则不然，由于其研究变量多与人相关，呈常态分布，故基本无法通过实验来控制，这就导致样本偏差问题普遍存在。并且，样本偏差与人们的自选择行为联结紧密，就算选择了恰当的抽样方法也无法彻底避免样本偏差。赫克曼（Heckman，1979）较早地注意到在OLS估计中样本选择问题可能导致系数估计值存在偏差，并提出了一个解决方案称为赫克曼备择模型（Heckman Selection Model）。

根据假设价值评估法的情景设问原则，首先问及消费者是否愿意为非转基因大豆油而支付一定的费用，如果愿意，那么继续询问其愿意支付的最大金额是多少。在此基础上，当对消费者是否愿意为食品状况的改善支付一定费用（或保持现状不便而愿意接受的补偿）进行估计时，最为直接的方法是普通最小二乘法（OLS），设：

$$P_i = X_i\beta' + \varepsilon_i \tag{5-1}$$

其中，P_i 为对观测到的消费者愿意支付或接受的比例，X_i 为解释变量，也即影响到其支付或补偿意愿的各种社会经济学变量。β'为需要估计的参数，ε_i 为随机误差项。但由于所观测到的消费者并非样本总体的随机选择，而是总样本中回答愿意支付或接受补偿的消费者。所以，这种选择可能导致有偏的系数估计，即出现“选择性偏误”（Selection - Bias）。为了避免这个问题，采用赫克曼备择模型可以有效避免这个问题。这一估计方法分为两个阶段进行，我们以消费者的支付意愿为例进行说明。

首先，在第一阶段，以“是否愿意为食品安全的改善而支付一定的溢价”作为第一阶段估计的被解释变量，使用社会统计学变量对被调查消费者全体进行Probit估计，以确定消费者支付意愿的影响因素。考虑到消费者在了解该制度时，其收益和成本的具体数据都是未观测到的，这样其净收益 Y_i^* 就为未观测变量，即潜在变量。因此，我们利用一个代理变量 Y_i 近似地代表 Y_i^*，这样就有：

$$Y_i^* = Z_i\gamma' + u_i \tag{5-2}$$

$$Y_i(WTP) = \begin{cases} 1, & Y_i^* = Z_i\gamma' + u_i > 0，\text{消费者愿意支付} \\ 0, & Y_i^* = Z_i\gamma' + u_i \leqslant 0，\text{消费者不愿支付} \end{cases}$$

其中，Z_i 为解释变量，γ'为待估参数，u_i 为随机扰动项，假定其独立于自变量。由于我们只关心潜在变量的符号，故方差的大小不影响以下的分析。假

定 u_i 服从标准正态分布，于是 $Y_i=1$ 也即消费者愿意支付的概率为：

$$\text{Prob}(Y_i=1)=F(Z_i\gamma')=\Phi(Z_i\gamma')=\int_{-\infty}^{Z_i\gamma'}\varphi(t)\,dt \tag{5-3}$$

其中，$\text{Prob}(Y_i=1)$为消费者愿意支付溢价的概率，它可以由消费者的社会统计学等一系列变量来解释；$\phi(\cdot)$和$\Phi(\cdot)$分别为标准正态分布的密度函数和相应的累计密度函数。

其次，在第二阶段，考虑到在方程（5-1）OLS 估计中可能存在选择性偏误，所以需要从第一阶段方程（5-3）Probit 估计式中得到转换比率（Inverse Mills Ratio）λ，作为第二阶段修正方程（5-1）的修正变量。λ 由以下公式获得：

$$\lambda=\frac{\phi(Z_i\gamma'/\sigma_0)}{\Phi(Z_i\gamma'/\sigma_0)} \tag{5-4}$$

最后，将 λ 放入方程（5-1）的估计中作为一个额外变量以纠正选择性偏误，即新方程为：

$$P_i=X_i\beta+\lambda\alpha+\eta_i \tag{5-5}$$

其中，X_i 为解释变量，α 和 β 为需要估计的参数，λ 为修正变量，η_i 为随机误差项。利用 OLS 方法对方程（5-5）进行估计，如果修正变量 λ 显著，则证明选择性偏误是存在的；反之，则表明选择性偏误不存在，就可以认为方程（5-1）的 OLS 估计有效。

经过赫克曼备择模型修正后的支付意愿需要考虑逆米尔斯比率，也即为 $E(WTP)=c+\beta\bar{x}+\alpha\bar{\lambda}$。其中，$c$ 为常数项，β 为回归系数，$\bar{x}$为显著的变量，α 为逆米尔斯的回归系数，$\bar{\lambda}$为逆米尔斯比率的平均值。

第四节　数据描述与变量设置

一、数据描述

本部分研究所使用的数据在第四章已做描述，这里仅对不同经济变量对消

费者转基因食品安全补偿意愿的影响进行分析。根据本书研究的需要，将影响消费者转基因食品补偿意愿的因素分为三大类型：一是消费者的基本经济特征变量，涉及性别、年龄、受教育程度、职业类型和家中是否有13岁以下小孩，以及家庭月收入和支出等变量。二是消费者的风险态度和风险认知，包括消费者认为当前食品安全的严重程度感知和是否信任经过认证的转基因大豆油。三是消费者的信息变量，主要包括是否主动寻求食品安全信息，以及价格、品牌、安全认证和原产地认证等产品信息对是否购买大豆油的重要性。这三类变量分别由不同的指标来表示，对消费者是否愿意接受补偿和接受补偿金额的大小产生不同程度的影响。

（一）消费者的社会经济特征对受偿意愿的影响

从消费者的经济特征来看，性别因素对消费者是否愿意接受补偿的影响比较平均，无论是封闭式问卷还是开放式问卷，男女性别当中均有将近一半的消费者愿意接受补偿，女性稍高于男性。年龄特征中，愿意接受补偿比例较多的年龄段集中在21～30岁的消费群体，封闭式问卷中这一比例为47.18%，开放式问卷中为69.29%，31～40岁的消费者仅次于上述群体。愿意接受补偿比例最低的为60岁以上的老年群体，这一群体风险厌恶十分明显。受教育程度变量对是否愿意接受补偿的影响表明，受教育程度越高的消费者其愿意接受补偿的比重越高，但是学历在研究生及以上时出现下降趋势。封闭式问卷中，受教育程度为大专及本科的消费者愿意接受补偿的比例为67.61%，而研究生及以上的消费者这一比例为23.24%，但也远高于较低受教育程度的消费者，开放式问卷的统计结果也体现了类似的规律。职业对消费者是否接受补偿影响明显，不同的职业类型对消费者受偿意愿的影响差距较大。调查结果表明，企业职工和公务员及事业单位人员的接受比例都接近20%左右，接受比例最高的为学生群体，其次是自由职业者，最低的为无业消费群体，如表5-1所示。

消费者的家庭特征中，家中是否有13岁以下小孩对消费者的补偿接受意愿产生较大影响，调查发现家中没有小孩的家庭愿意接受补偿的比例远高于有小孩的家庭，这是由于很多消费者表示给予多少补偿都不能接受，健康是不能用金钱来衡量的，反映了有小孩的家庭更加看重健康因素，对食品安全导致的健康和经济损失比较反对，不支持用补偿的办法解决食品安全问题。消费者的

表5-1 社会经济特征与转基因食品安全补偿意愿

被调查者特征	选项	封闭式接受人数	占封闭式样本的比重（%）	开放式接受人数	占开放式样本的比重（%）
性别	男	67	47.18	122	45.69
	女	75	52.82	145	54.31
年龄	20岁以下	9	6.34	13	4.87
	21~30岁	67	47.18	185	69.29
	31~40岁	37	26.06	49	18.35
	41~50岁	8	5.63	13	4.87
	51~60岁	17	11.97	6	2.25
	60岁以上	4	2.82	1	0.37
受教育程度	初中及以下	4	2.82	8	3.00
	高中/中专	9	6.34	29	10.86
	大专及本科	96	67.61	125	46.82
	研究生及以上	33	23.24	105	39.33
职业类型	企业员工	27	19.01	105	39.33
	公务员及事业单位	26	18.31	17	6.30
	商业及服务业	10	7.04	37	13.86
	自由职业	21	14.79	10	3.75
	学生	37	26.06	97	36.33
	离退休	14	9.86	5	1.87
	无业及其他	7	4.93	6	2.25
家中是否有13岁以下小孩	有	53	37.32	70	26.22
	没有	89	62.68	197	73.78
家庭月收入	3000元以下	26	18.31	60	22.47
	3000~6000元	45	31.69	74	27.72
	6001~8000元	18	12.68	36	13.48
	8001~10000元	20	14.08	27	10.11
	10001~20000元	20	14.08	31	11.61
	20000元以上	13	9.15	39	14.61

续表

被调查者特征	选项	封闭式接受人数	占封闭式样本的比重（%）	开放式接受人数	占开放式样本的比重（%）
家庭月食品支出	800元以下	27	19.01	58	21.72
	800～1500元	53	37.32	104	38.95
	1501～2500元	35	24.65	71	26.59
	2500元以上	27	19.01	34	12.73

家庭月收入对支付意愿的影响表明，愿意接受补偿比例最高的为家庭月收入在3000～6000元的消费群体，其次是3000元以下的消费群体。这在一定程度上表明，中低收入的家庭比高收入家庭更倾向于接受补偿。与此不同的是，消费者的月食品支出对补偿意愿的影响却并不一样，接受补偿意愿比例最高的消费者家庭支出在800～1500元，其次是1501～2500元的消费者。导致的原因可能是，不同的收入水平反映的经济心理不同，收入较低的家庭对经济收益更看重，认为获得食品安全补偿理所当然，而较高收入的家庭拥有更多的选择权和经济支配力，对金钱买不到的东西如安全和健康更加看重，问卷所提供的补偿金额难以对高收入人群形成激励，进而导致其不愿意接受补偿。

（二）消费者的风险态度和信任程度对补偿意愿的影响

消费者的风险态度和信任因素作为重要的心理变量，一直都是前景理论等消费行为决策理论关注的重点因素。前面的理论分析表明，消费者的风险态度、认知及信任等因素通过影响消费者对食品安全风险的主观判断进而影响行为决策，因而是分析补偿意愿的重要变量。从表5－2中的统计结果来看，消费者对当前食品安全形势的认知和风险态度对其接受补偿意愿产生重要影响，即食品安全越严重越倾向于不接受补偿，也即风险认知与补偿意愿呈反向关系。这说明，消费者越是认为食品安全形势越严峻，越主张进行食品安全的治理和行政监管，而不是采取经济手段解决，越对政府抱有期望进而希望其能够加强食品安全监管，大力改善食品安全形势。

消费者对转基因认证的信任程度表明，愿意接受补偿比例最高的为一般信任的消费者，封闭式问卷当中有28人愿意接受补偿，开放式问卷当中有93人愿意接受。比较信任的消费者在封闭式问卷当中有20.42%的人愿意接受，这一比例基本上与比较信任的消费者持平，封闭式问卷和开放式问卷中这两者的比例都比较接近。与之相比，持非常信任和非常不信任态度的消费者其接受补偿意愿的比例也较低，封闭式问卷中两者的比例分别为5.63%和7.04%，开放式问卷中对应的比例也仅为8.61%和2.25%，远低于比较信任和比较不信任群体愿意接受的比例。

表5－2　消费者的风险认知和信任程度对转基因大豆油补偿意愿的影响

被调查者特征	选项	封闭式接受人数	占封闭式样本的比重（%）	开放式接受人数	占开放式样本的比重（%）
食品安全的风险认知和态度	非常严峻	1	0.70	5	1.87
	比较严峻	26	18.31	41	15.36
	一般	19	13.38	66	24.72
	比较安全	72	50.70	103	38.58
	非常安全	24	16.90	52	19.48
是否信任经过认证的非转基因大豆油	非常不信任	10	7.04	6	2.25
	不太信任	29	20.42	72	26.97
	一般	57	40.14	93	34.83
	比较信任	28	19.72	73	27.34
	非常信任	8	5.63	23	8.61

（三）消费者的信息偏好对补偿意愿的影响

食品安全发生的原因之一是生产者和消费者之间的信息不对称，因而研究消费者对食品安全信息的搜寻和偏好有利于提高消费者甄别食品质量的能力，也可以有效缓解食品安全市场的信息不对称现象。所以，作为消费者是否愿意接受补偿的重要因素，信息偏好和搜寻行为对补偿意愿的影响发挥着十分重要的作用。根据对消费者不同信息行为的分析，发现消费者是否主动寻求食品安全信息对接受补偿意愿产生较大影响，并且主动寻求食品安全信息的消费者接受补偿的比例要高于不寻找食品安全信息的消费者，封闭式问卷和开放式问卷都显示了类似的统计结果，并且封闭式问卷中主动寻求的比例远大于不主动寻求食品安全信息的消费者。这其中的原因可能是，主动寻求食品安全信息的消费者对食品安全的了解更加深入，容易形成较为客观的食品安全认知和风险态度，因此当发生食品安全事件时或者因消费食品遭受损失，较容易接受采取维权措施进而愿意接受来自政府或者企业的补偿。不主动寻求食品安全信息的消费者，一般而言难以形成对食品安全的正确认知，在发生食品安全事件或者遭受损失时维权的积极性也较低。

从消费者对食品安全信息的偏好来看，认为价格信息对购买比较重要的消费者其接受补偿的比例较高，封闭式问卷中有35.92%的消费者愿意接受补偿，开放式问卷当中这一比例为40.45%，认为非常重要的消费者的接受比例也占到一成左右。品牌对消费者接受意愿的影响比较集中，认为品牌比较重要和非常重要的消费者愿意接受补偿的比例分别为57.04%和26.06%，开放式问卷中对应的比例也达到了53.56%和25.09%。这说明，越看重品牌的消费者愿意接受补偿的比例越高，背后的原因可能与消费者对品牌的信任程度有关，消费者越看重品牌越信任该品牌的产品进而产生依赖，一旦该品牌发生食品安全事件或者给自己造成经济和其他损失产生的心理创伤可能就越大，进而影响消费信心并愿意接受补偿来弥补心理的变化和经济损失。转基因安全认证信息同样对消费者接受补偿意愿产生影响，认为转基因认证信息越重要的消费者接受补偿的比例越高，比如认为该信息非常重要的消费者有39.44%和33.71%的人愿意接受补偿（见表5-3）。其次是回答比较重要的消费者，在封闭式问卷和开放式问卷中的占比分别为37.32%和35.58%，与回答非常重要的消费者的接受比例基本持平。接受比例最低的为回答完全不重要的消费者，这一比例在封闭式问卷中仅为2.11%，开放式问卷中为3.37%。相比于品牌与安全认证信息，原产地认证信息并没有表现出类似的规律特征。首先，认为原产地认证信息一般和比较重要的消费者其接受补偿的比例较高，封闭式问卷中分别占到对应选项的33.80%和32.39%，开放式问卷中这两者的比例也较高，占比分别为40.07%和29.59%。其次是认为原产地信息非常重要的消费者，认为完全不重要的消费者其愿意接受补偿的比例也最低。

表 5-3 食品安全信息对消费者转基因大豆油补偿意愿的影响

被调查者特征	选项	封闭式接受人数	占封闭式样本的比重（%）	开放式接受人数	占开放式样本的比重（%）
是否主动寻求食品安全信息（information）	是	97	68.31	135	50.56
	否	45	31.69	132	49.44
价格信息对是否购买的重要性（price）	完全不重要	4	2.82	13	4.87
	不怎么重要	22	15.49	35	13.11
	一般	53	37.32	78	29.21
	比较重要	51	35.92	108	40.45
	非常重要	12	8.45	33	12.36
品牌信息对是否购买的重要性（brand）	完全不重要	1	0.70	6	2.25
	不怎么重要	3	2.11	7	2.62
	一般	20	14.08	44	16.48
	比较重要	81	57.04	143	53.56
	非常重要	37	26.06	67	25.09
转基因安全认证信息对是否购买的重要性（securitycertif）	完全不重要	3	2.11	9	3.37
	不怎么重要	12	8.45	16	5.99
	一般	18	12.68	57	21.35
	比较重要	53	37.32	95	35.58
	非常重要	56	39.44	90	33.71
原产地认证信息对是否购买的重要性（origincertifi）	完全不重要	8	5.63	10	3.75
	不怎么重要	15	10.56	32	11.99
	一般	48	33.80	107	40.07
	比较重要	46	32.39	79	29.59
	非常重要	25	17.61	39	14.61

（四）补偿意愿的取值及概率分布

补偿意愿的取值范围在封闭式问卷和开放式问卷中设定了不同的区间，封闭式问卷中对补偿意愿的取值主要是基于支付意愿值的设定。具体设问为："如果您食用转基因大豆油遭受健康或者其他直接经济损失，您是否愿意接受补偿？"如果消费者愿意，那么继续询问其愿意接受的最低补偿金额。这一金

额以月计算，在封闭式问卷中补偿意愿值从每月 10 元到每月 1000 元共计 12 个取值，补偿意愿的取值主要是基于转基因大豆油每升的价格，以 1 升转基因大豆油的基本价 10 元为基准，补偿意愿值从 1 倍转基因大豆油价格到 100 倍转基因大豆油价格。开放式问卷的取值基于同样的考虑做了补偿意愿取值的设定，但是在取值范围上大于封闭式问卷的取值范围，最高可达到 3000 元/月（见表 5－4）。在具体设问之后，还给出了这一补偿意愿占消费者收入的比重来确认消费者的补偿意愿是真实的。

表 5－4　补偿意愿的取值及概率分布

封闭式问卷（Ⅰ）				开放式问卷（Ⅱ）			
意愿值（元/月）	人数	比例（%）	累计概率（%）	意愿值（元/月）	人数	比例（%）	累计概率（%）
0	150	51.37	51.37	0	20	6.97	6.97
10	2	0.68	52.05	20	4	1.39	8.36
25	3	1.03	53.08	30	5	1.74	10.11
50	3	1.03	54.11	50	8	2.79	12.89
60	8	2.74	56.85	80	11	3.83	16.73
80	2	0.68	57.53	100	22	7.67	24.39
100	19	6.51	64.04	150	3	1.05	25.44
150	3	1.03	65.07	200	12	4.18	29.62
200	17	5.82	70.89	300	20	6.97	36.59
300	13	4.45	75.34	500	27	9.41	45.99
500	29	9.93	85.27	700	7	2.44	48.43
800	37	12.67	97.95	800	48	16.72	65.16
1000	6	2.05	100.00	1000	17	5.92	71.08
				1200	7	2.44	73.52
				1500	60	20.91	94.43
				2000	2	0.70	95.12
				3000	14	4.88	100.00

从调查的结果来看，封闭式问卷当中有51.37%的消费者回答不愿意，将其补偿意愿用零表示，开放式问卷这一比例较低，仅有6.97%的消费者表示不愿意接受补偿。关于消费者不愿意接受补偿的原因，调查也做了具体询问，主要包括“健康无价”“花多少钱也不能接受食品安全状况恶化”和“政府必须治理，不接受补偿等经济手段解决食品安全问题”等，反映最多的是认为健康不能用金钱来交换，无论给多少钱都不接受食品安全损失补偿。

从愿意接受补偿金额取值来看，消费者转基因大豆油的补偿意愿取值范围比较分散，但是取值向较高的金额集中（见表5-4），一般而言，消费者愿意接受较高金额的补偿。比如在封闭式问卷中，愿意接受每月800元的消费者占所有愿意补偿消费者的比例为12.67%，其次是接受每月500元补偿的比例为9.93%，接受补偿意愿的最高取值每月1000元的消费者占比为2.05%，仅有0.68%的被调查者表示愿意接受每月10元的补偿。相比于封闭式问卷，开放式问卷也体现了类似的分布规律。占比最高的补偿金额为每月1500元，这一比例的消费者有20.91%，其次是愿意接受每月800元的消费者，占比为16.72%，另有接近1/10的消费者愿意接受每月100元、300元和500元的补偿，选择最高补偿每月3000元的消费者占比为4.88%，其他补偿金额取值均低于5%。上述消费者补偿意愿的取值范围及分布概率表明，虽然理性的消费者愿意接受尽可能大的补偿金额，但是经过客观情景描述后，消费者大多给出了真实的补偿意愿值，并且这些意愿值的分布相对分散，并没有出现一头独大的局面，这为后面的实证分析提供了可靠的数据支持。

二、变量设置与定义

为使研究具有可比性，本部分的变量设定与第四章支付意愿研究中使用的变量基本相同。在此基础上，本部分还将消费者对转基因大豆油认证和品牌信息等变量放入模型当中，这是由于这些产品信息构成消费者是否选择购买的重要参考信息，并导致受偿意愿的不同。此外，消费者对转基因大豆油认证的信任程度反映了其对转基因食品安全风险的感知和判断，从而影响对是否愿意接受补偿和接受补偿金额的大小。结合理论分析和现实研究需要，这一部分对消费者转基因大豆油补偿意愿的分析中加入上述两个变量，研究其对消费者补偿

意愿的影响。

消费者转基因大豆油补偿意愿的研究变量及定义如表5－5所示。本部分的研究包含两个因变量，分别是消费者是否愿意接受补偿和愿意接受的补偿金额，对应于消费者的两个行为决策。因变量 y_1 是一个二元变量，取值为0－1变量，愿意接受补偿为1，否则为0；因变量 y_2 代表消费者愿意接受的补偿金额，调查发现，消费者每月的大豆油消费量约为1升（合人民币10元）。如果消费者愿意接受的补偿金额为每月100元，那么在模型中取值为10（也即100/10），其他补偿金额的处理采取类似做法。自变量方面，主要包含消费者的个人特征、家庭经济特征、食品安全的风险态度、转基因认证的信任程度、信息寻求和产品信息属性对购买的重要性等类型。自变量的取值采取了李克特量表的方式进行量化，变量的均值和标准差也在表中进行列出，括号内表示开放式问卷对应的统计值。最后，还根据理论分析和描述性分析初步结果，对变量的预期方向进行了设定，并根据模型的结果进行检验。

表5－5　消费者补偿意愿的变量设置及定义

变量		定义	取值	均值（标准差）封闭式	均值（标准差）开放式
因变量	支付意愿（y_1）	消费者是否愿意接受食品安全损害补偿	是＝1，否＝0	0.745（0.658）	0.438（0.475）
	支付额度（y_2）	愿意接受补偿的金额	单位：10元/月	20.765（30.175）	80.404（73.404）
自变量		年龄（age）	消费者的实际年龄	33.229（12.347）	28.376（7.984）
		受教育程度（education）	小学以下＝1；初中＝2；高中或中专＝3；大专及本科＝4；研究生及以上＝5	3.894（0.854）	4.216（0.816）

续表

变量		定义	取值	均值（标准差）封闭式	均值（标准差）开放式
自变量	家庭经济特征	家庭月平均收入（income）	3000 元以下 =1；3000～6000 元 =2；6001～8000 元 =3；8001～10000 元 =4；10001～20000 元 =5；20000 元以上 =6	2.672（1.520）	3.212（1.736）
	食品安全风险态度	食品安全的风险认知和感觉（concern）	非常严峻 =1；比较严峻 =2；一般 =3；比较安全 =4；非常安全 =5	3.640（1.175）	3.578（1.027）
	转基因认证的信任程度	是否信任经过认证的非转基因大豆油（gmtrust）	非常不信任 =1，不太信任 =2；一般 =3；比较信任 =4；非常信任 =5	3.003（0.993）	3.170（0.983）
	信息寻求	是否主动寻求食品安全信息（inform）	是 =1，否 =0	0.672（0.473）	0.508（0.500）
	产品信息对购买的重要性	品牌对是否购买的重要性（brand）	完全不重要 =1；不怎么重要 =2；一般 =3；比较重要 =4；非常重要 =5	3.981（0.789）	3.979（0.835）
		转基因安全认证对是否购买的重要性（securitycertif）	完全不重要 =1；不怎么重要 =2；一般 =3；比较重要 =4；非常重要 =5	4.069（0.987）	3.926（1.030）

第五节　实证分析

在进行回归分析之前，为保证估计系数的准确性，本部分进行了变量的共线性检验。共线性检验可以用指标 VIF（Variance Inflation Factor）也即方差膨胀因子表示，VIF 的计算公式如式（5－1）所示。如果 VIF 的值越大，说明多重共线性问题越严重。一个经验规则是，最大的 VIF，即 max $\{VIF_1, \cdots, VIF_K\}$，不超过 10（陈强，2010）。检验的结果如表 5－6 所示。

$$VIF \equiv \frac{1}{1 - R_K^2} \tag{5-1}$$

通过对封闭式问卷变量和开放式问卷变量多重共线性检验表明，两套数据均不存在多重共线性问题。封闭式问卷中，平均 VIF 为 1.26，最大的 VIF 仅为 1.48，远低于 10 以下，因此封闭式式问卷数据变量之间不存在多重共线性问题。相比于封闭式问卷，开放式问卷的 VIF 略高，平均 VIF 为 1.32，最大 VIF 为 1.71；总体样本中，平均 VIF 仅为 1.27，最大 VIF 值为 1.53，都远低于 10，所以本研究所使用的数据不存在多重共线性问题。

表 5-6　不同问卷样本数据的多重共线性检验结果

变量	封闭式问卷		开放式问卷		全样本数据	
	VIF	1/VIF	VIF	1/VIF	VIF	1/VIF
年龄（age）	1.41	0.70	1.42	0.70	1.38	0.72
受教育程度（education）	1.36	0.73	1.31	0.76	1.31	0.76
收入（income）	1.12	0.89	1.43	0.69	1.42	0.70
对食品安全的认知（concern）	1.37	0.72	1.27	0.78	1.29	0.77
是否信任转基因食品（gmtrust）	1.05	0.95	1.05	0.95	1.04	0.96
信息关注度（inform）	1.42	0.70	1.24	0.80	1.31	0.76
品牌对购买的重要性（brand）	1.35	0.74	1.52	0.65	1.39	0.71
安全认证对购买的重要性（securitycertif）	1.48	0.67	1.71	0.58	1.53	0.65
平均 VIF	1.26	—	1.32	—	1.27	—

一、封闭式问卷样本回归分析

根据前文的实证模式，将影响消费者是否愿意接受补偿和接受补偿金额变量赫克曼备择模型估计，用 STATA12.0 对消费者的这两个行为决策进行了回归，得出实证结果如表 5-7 所示。

赫克曼备择模型从两阶段模拟了消费者非转基因大豆油补偿意愿的两个决策行为：一个阶段用 Probit 模型估计影响消费者是否愿意接受补偿的因素，另一个阶段用 OLS 模型分析影响消费者补偿金额大小的因素。赫克曼备择模型与Tobit模型的一个重要区别是，前者假设影响消费者两个决策因素可以不相同，而Tobit模型则假设影响消费者两个决策因素是相同的。从表5－7的回归结果来看，证实了这种研究结论，比如受教育程度、职业和转基因安全认证显著影响消费者是否愿意接受补偿，但却不影响消费者的补偿金额大小。

表5－7　封闭式问卷回归结果（n＝292）

自变量	第一阶段	第二阶段
年龄（age）	－0.002（0.713）	0.220（0.265）
受教育程度（education）	－0.245（0.007）***	8.516（0.003）***
家庭月平均收入（income）	0.307（0.000）***	—
食品安全的风险认知和感觉（concern）	－0.045（0.594）	—
是否信任经过认证的非转基因大豆油（gmtrust）	－0.122（0.102）*	2.617（0.330）
是否主动寻求食品安全信息（inform）	0.203（0.279）	—
品牌对是否购买的重要性（brand）	0.206（0.060）*	4.299（0.101）*
转基因安全认证对是否购买的重要性（securitycertif）	－0.169（0.052）*	—
Wald chi^2（4）	121.83	
Prob > chi^2	0.000	Rho＝1.0000
逆米尔斯比率（lambda）		0.345（0.000）***

注：①括号内数值为p值；②***、**和*分别表示在1%、5%和10%的统计水平上显著。

（一）消费者的社会经济特征对补偿意愿和补偿金额的影响

从受教育程度来看，消费者的受教育程度越高，越不愿意接受补偿，其原因是受教育程度低的消费者倾向于接受补偿这一现实和直接的解决方式，而受教育程度较高的消费者拥有更多的知识和更深刻的食品安全认知度，认为除了经济补偿还有更多的解决办法，因此在是否接受补偿方面倾向于拒绝。从家庭月收入来看，消费者的家庭月收入越高倾向于接受补偿，这是由于收入高的家庭拥有更强的消费能力，也更看重食品的品质和质量，这些高收入家庭平时消费的食品的质量水平一般高于低收入家庭消费的食品质量，因此如果因食用大豆油而导致损失就愿意接受经济补偿来弥补自己的损失，从而使自己的食品安

全消费维持在其日常保持的水平。

（二）信任因素对补偿意愿和补偿金额的影响

从消费者对非转基因大豆油认证的信任程度来看，消费者越信任非转基因大豆油，越不愿意接受补偿。这其中的原因在于，消费者如果相信经过认证的非转基因大豆油，那么就能有效避免由此导致的健康风险，从而很少发生损失也就意味着发生损失的概率较低从而不愿意接受补偿的现状。但是，信任这一因素仅影响消费者是否愿意接受补偿，而不影响消费者接受补偿金额的大小，其原因是对非转基因的信任直接影响了消费者在选择消费非转基因大豆油，而不愿意消费者还有转基因原料的大豆油，从而直接影响到消费者是否发生因此导致的健康风险问题，因此信任度高的消费者觉得认证过之后就比较安全，从而不愿意接受补偿。

（三）产品信息对消费者补偿意愿的影响

大豆油作为一种消费品，其本身具有价格、品牌、认证和原产地等信息属性，这些信息对消费者的消费行为产生不同程度的影响。实证结果表明，消费者越是看重品牌对是否购买的重要性，也愿意接受补偿，这是由于品牌代表了一定的公信力，消费者选择某一品牌是基于品牌忠诚和产品质量信赖，越觉得品牌重要的消费者，其认为该厂商所负有的产品质量责任越大，一旦该产品出现质量问题甚至导致健康损失时，这直接影响了消费者对品牌的好感，从而愿意接受补偿，并愿意接受较大的补偿金额以弥补自己心理落差。作为另一个重要产品信息属性的安全认证信息对消费者的补偿意愿却产生负面影响，也即越看重安全认证的消费者越不愿意接受补偿，这其中的原因可能与消费者对安全认证的认知有关系，觉得经过安全认证的大豆油一般不会发生问题。同时，一般而言，经过安全认证的产品的质量确实比做过广告的产品更有保障，很多消费者并不相信产品的质量像广告和宣传上所描述的那样，但是对于经过认证的产品一般比较信任。调查访谈当中也证实，看重安全认证的消费者一般会花更多的时间在产品的甄选方面，从而有效保障了自己家庭的食品安全，也就很少发生健康风险，从而不愿意接受补偿。

二、开放式问卷样本回归分析

与封闭式问卷相同，开放式问卷也同时建立了赫克曼备择模型进行分析。

与封闭式问卷相比，在开放式问卷数据中，我们还考察了家中孩子数量及是否支持转基因大豆油在市场上流行这些重要变量。回归结果表明，影响消费者是否愿意接受补偿的因素有受教育程度、家庭月平均收入、家中是否有13岁以下小孩和是否信任经过认证的转基因大豆油四个变量，影响补偿金额大小的变量主要包括家庭月平均收入、月食品支出和家中是否有13岁以下小孩三个变量（见表5－8）。这说明，封闭式问卷和开放式问卷两种设问形式对消费者转基因食品补偿意愿产生影响，其原因可能是同样的情景描述在不同的问卷类型中消费者的具体行为发生细微的变化，这是已有研究所没有关注的，因此进行对比分析二者的区别及其原因就显得十分必要。

表5－8　开放式问卷回归结果（n＝287）

自变量	第一阶段	第二阶段
年龄（age）	0.021（0.229）	0.631（0.215）
受教育程度（education）	0.257（0.046）*	0.607（0.865）
家庭月平均收入（income）	0.151（0.095）*	10.631（0.001）***
家庭月食品支出（expend）	－0.107（0.417）	9.144（0.093）*
家中是否有13岁以下小孩（kids）	0.847（0.044）**	3.562（0.004）***
食品安全的风险认知和感觉（concern）	0.101（0.416）	—
是否信任经过认证的非转基因大豆油（gmtrust）	－0.355（0.013）***	—
是否主动寻求食品安全信息（inform）	－0.383（0.161）	－1.500（0.118）
品牌对是否购买的重要性（brand）	0.023（0.866）	13.713（0.164）
是否支持转基因食品上市（gmsupport）	0.651（0.148）	－6.585（0.401）
Ward chi^2（6）		21.893
Prob > chi^2	0.000	Rho＝1.0000
逆米尔斯比率（lambda）		0.775（0.054）**

注：①括号内数值为p值；②***、**和*分别表示在1%、5%和10%的统计水平上显著。

（一）消费者的社会经济特征对补偿意愿和补偿金额的影响

具体而言，消费者的受教育程度影响消费者是否愿意接受补偿，但不影响

接受补偿金额的大小。回归结果表明，消费者的受教育程度越高，越愿意接受食品安全补偿，这说明受教育程度越高的消费者其对食品安全的认知也较高，认为对消费者进行补偿是正当的，相比于受教育较低的消费者而言，他们一般选择消极的维权方式，采取多一事不如少一事的态度处理自己所遇到的产品质量问题。但是这一变量并不影响消费者接受补偿的金额的大小，表明消费者所愿意接受的补偿跟教育程度的大小没有关系。

（二）消费者的家庭特征对补偿意愿的影响

消费者的家庭收入显著影响消费者是否补偿及补偿金额的大小，也即消费者的家庭月收入越多，越愿意接受补偿并且接受较大金额的补偿。这其中的原因，主要是由于收入较高的消费者对自身健康和机会成本的评估较高，调查表明，一些家庭收入较高的消费者不仅十分重视自身健康，而且在提高自身体质方面也投入了较多的时间和物质成本，因此一旦由于所食用的大豆油导致自己遭受损失时会期望得到补偿，并且希望这种补偿越多越好，否则不能弥补其机会成本和在自身健康方面的投入成本。消费者的月食品支出仅影响消费者的补偿金额大小，这是由于对食品支出较多的家庭而言，较小的补偿金额不仅难以弥补食品支出成本，也难以弥补自己的心理损失。此外，家中是否有 13 岁以下小孩对消费者的补偿意愿和补偿金额在 5% 的水平上统计显著且为正，说明家中有 13 岁以下小孩的家庭比没有 13 岁以下小孩的家庭更愿意接受补偿，而且在倾向于接受较大金额的补偿。原因是家中有 13 岁以下小孩的家庭更加重视食品的安全与影响，出于对孩子健康和成长的重视会在食品安全方面更加谨慎，因此如果因为食用大豆油等食品导致了健康风险或者其他损失，这些家庭认为只有较大金额的补偿才能弥补自己所遭受的损失，对因大豆油导致的安全风险将给这些家庭带来较大的痛苦和效用损失，所以会期望较大金额的补偿。

（三）消费者的信任心理对补偿意愿和补偿金额的影响

从消费者的对非转基因大豆油的信任程度来看，越是信任经过认证的非转基因大豆油，越不愿意接受补偿，这是因为对非转基因大豆油越信任越认可其质量的安全性，因此也就觉得自己所购买的大豆油发生事故的概率较低，即难以发生食品安全风险，从而不太可能导致疾病或者其他损失，所以在补偿意愿方面倾向于不接受。从消费者的信息行为来看，认为原产地认证信息对决定是否购买大豆油重要的消费者比认为该信息不重要的消费者更倾向于接受补偿。原因是，认为大豆油原产地信息重要的消费者更看重大豆油的品质和安全性，在遭受损失时倾向于接受补偿来使自己的效用恢复到原来的水平。

三、消费者对非转基因大豆油的补偿意愿分析

在上述实证分析的基础上，有必要进一步计算消费者的补偿意愿值，具体计算方法与上一章相同，不同模型的模拟结果如表 5－9 所示。从封闭式问卷来看，消费者的补偿意愿的平均值为 207.65 元/月，与期望值求出的结果一致；封闭式问卷经过赫克曼备择模型修正后平均补偿意愿为 215.96 元/月，稍高于平均值。

从开放式问卷的补偿意愿值来看，补偿意愿的期望值为 804.04 元/月，这一补偿意愿值为封闭式问卷 4 倍左右。经过赫克曼备择模拟后，平均补偿意愿值为 386.59 元/月，显著低于平均补偿意愿值。与封闭式问卷补偿意愿值经过实证模拟后升高不同，平均补偿意愿经过模型模拟后平均补偿意愿显著下降。

表 5－9　消费者对非转基因大豆油的补偿意愿值

样本类型 计算方法	封闭式样本数据（元/月）	开放式样本数据（元/月）
样本均值	207.65	804.04
WTA 期望值	207.65	804.04
赫克曼备择模型修正	215.96	386.59

通过对消费者补偿意愿不同模拟方法的结果进行分析，可以得出以下三点启示：一是补偿意愿值一般远大于支付意愿值。根据前景理论，消费者对损失的敏感性远大于获得同样的收入，所以消费者在对食品进行支付时倾向于少支付或者不支付，而在面对补偿等收益时倾向于获得较大金额的补偿，这导致消费者对同一物品（本书中指大豆油）的支付意愿和补偿意愿发生较大偏差。二是封闭式问卷和开放式问卷中消费者的补偿意愿经过实证模拟后会出现不同

的趋势和变化。就封闭式问卷的模拟结果而言，经过赫克曼备择模型模拟后出现了补偿意愿不断升高的趋势；而开放式问卷数据经过实证模拟后又出现不断下降的趋势。这其中的原因可能是由于封闭式问卷中消费者的补偿意愿受到了抑制，因此在模拟中会出现适当变大的现象；与之相比，开放式问卷中消费者的补偿意愿往往较大，甚至大于消费者自己真实的补偿意愿值，因此经过模拟后消费者的补偿意愿出现一定程度的下降也是符合现实情况的。三是封闭式问卷与开放式问卷中消费者的平均补偿意愿波动幅度不同。与支付意愿中封闭式问卷更加准确和稳定不同，开放式问卷的结果不够稳定，经过不同的计算方法之后波动幅度较小。总结上述分析可以得出的启示是，研究消费者的补偿意愿时有必要采用封闭式问卷，并且需要经过实证模型的修正才能使补偿意愿更加接近于真实情况。

本书对补偿意愿的研究从前景理论出发，利用赫克曼备择模型测算了消费者对非转基因大豆油的补偿意愿，并从开放式问卷和封闭式问卷两套数据分别进行了研究分析，得出的消费者补偿意愿以每升转基因大豆油的价格为基准，并运用赫克曼备择模型进行了修正。为使研究有现实意义，表5－10对部分研究补偿意愿的文献做了列举，发现已有文献对补偿意愿的研究丰富多样，在研究的区域和对象方面也涉及普通物品和公共物品，运用不同的方法测算了消费者或者居民对不同商品（服务）的补偿意愿。对比本书的研究结果和现有文献，可以发现主要存在以下三点不同：一是本书研究的对象虽然属于公共物品的一种，但是转基因大豆油具有良好的替代性，消费者对这一商品比较熟悉，因而运用假想价值法向消费者进行补偿意愿的情景描述时更容易让消费者理解和准确评估其价值，从而减少了消费者补偿意愿的较大离差。二是理论依据存在较大区别，已有文献多是从期望效用理论出发运用线性模型测算消费者的补偿意愿，本书基于前景理论重点考察了消费者心理、态度和信任等因素对其补偿意愿的影响，这是与已有文献的显著区别。三是在补偿意愿的分析时对零补偿意愿做了处理，使用赫克曼备择模型对消费者补偿意愿的零值做了理论模拟，这有助于使研究结果更加准确。

表 5-10　本书结果与已有文献的比较

文献	研究对象	方法	样本	调查区域	WTA
李腾飞（2014）	转基因大豆油	赫克曼备择模型	封闭式 292，开放式 287	北京市海淀、朝阳、丰台和西城区	封闭式为 215.96 元/月，开放式为 386.59 元/月
Hatton 等（2010）	服务标准	随机效应模型	332	南澳大利亚	$ 4.19/小时
Xu 等（2013）	生态补偿	Logit 模型	226	辽河流域	愿意接受的生态补偿为 255.97 元/人
杨光梅等（2006）	禁牧政策	Probit、Logit 模型	300	锡林郭勒草原	平均补偿意愿为每年每户 2.7717 万元，每 $1hm^2$ 草地补偿意愿 85.95 元
葛颜祥等（2009）	生态补偿	Logit 模型	240	山东省	人均 184.38 元
李海鹏（2009）	退耕政策	—	253	贵州、湖北	人均 3200 元/年
张霞（2012）	耕地生态补偿	多元线性回归模型	176	四川省井研县	农户愿意接受的耕地生态补偿额为 250～500 元/亩
王艳霞等（2011）	生态保护补偿意愿	数学统计	124	承德、张家口等地	农户的补偿意愿为 2740.5 元/hm^2
黄丽君和赵翠薇（2011）	森林资源补偿意愿	Logit 模型	417	贵阳市	愿意接受的补偿为 737.83～745.14 元/年
党建等（2012）	煤矿安全的生命价值补偿意愿	Logit 模型	903	河南义煤集团	100～4000 元/月
许恒周（2012）	宅基地退出补偿意愿	Tobit 模型	317	山东省临清市	农户的平均补偿意愿为 704.22 元/m^2
李金平和王志石（2006）	空气污染损害价值的补偿意愿	Logit 模型	543	澳门	218.7 澳元/月

第六章　消费者支付意愿与补偿意愿的差距分析

前面分析了消费者的支付意愿和补偿意愿，发现两者之间无论是平均值还是随机分布，都出现了不一致。根据期望效用理论，支付意愿和补偿意愿分别是两种衡量消费者效用变化的方法，在理论上应该是相等的。但是，无论是经验研究还是实践证明，消费者对同一物品的支付意愿和补偿意愿经常不一致且已经得到了很多文献的证实。正如在理论分析中指出的，期望效用理论存在难以解释这些现象的局限性，在此基础上发展起来的前景理论可以有效地解释这一现象，并且认为支付意愿和补偿意愿不一致的原因主要有收入效用和替代效用（Shogren 等，1994）、损失规避（Guria 等，2005）、禀赋效用（Kahneman 等，1991；Grutters 等，2008）、CVM 调查与执行不当（高汉琦等，2011）以及其他原因。为研究食品安全中消费者支付意愿与补偿意愿之间的差别和具体原因，本章以消费者对非转基因大豆油 WTA 与 WTP 差距的现象进行实证研究，探究导致二者出现差距的内在机理，并对封闭式问卷和开放式问卷进行对比分析，从理论上和经验上丰富已有的研究，为完善和实施 WTA 与 WTP 的研究提供建议框架。

第一节　WTA 与 WTP 差距的理论解释

消费者对同一物品的 WTA 与 WTP 之间存在差距一直是微观经济学研究的

热点之一。Plott 和 Zeiler（2007）设计了不同的实验，研究了为什么和什么时候发生这种差异；现有的文献使用实验证据并结合心理学和情感因素对这些现象进行了解释。传统的微观经济学理论认为一个人对某一物品的边际支付意愿和其愿意放弃该物品所愿意接受的最小补偿意愿应该是相等的，但事实上补偿意愿经常高于支付意愿。对此，创立前景理论的 Hanemann（1991）强调，导致这些差异的原因在于消费者的收入水平和被评价商品的不同，并认为观察到的 WTA 与 WTP 之间较大的差异是传统期望效用理论难以解释的。对 WTA 与 WTP 之间出现差距的一个著名解释是由于损失规避，也即人们对损失的估价通常总是要高于同等数量的收益，而对损失减少的估价又会明显高于所放弃同样数量的所得，损失厌恶效应所表现的是人们对于失去比获得更为敏感（Tversky 和 Kahneman，1991）。尽管如此，损失规避仍然不能完全解释消费者对公共物品比如生态环境、水资源和土地等的 WTA 和 WTP。Horowitz 和 McConnel（2002）的研究进一步指出，WTA 与 WTP 之间的比率与商品的属性有关，如果该商品与普通的私人商品差异越大也即越接近于公共物品，WTA 与 WTP 之间的比率就越大。Plott 和 Zeiler（2005）在实验研究中发现，控制消费者的不理解因素之后通过实施一个激励兼容的设计，消费者对某一标准商品的支付意愿和补偿意愿基本相同，WTA 与 WTP 两者之间的差异会趋于消失。

与此同时，关于两者差距的另一种经典解释是收入效应的存在导致 WTA 与 WTP 存在差距。这是由于 WTP 受到收入的限制，而 WTA 可以大于收入即不受收入的约束（Willing，1976）。Thaler（1980）做了进一步的研究，认为导致二者出现显著差距的因素主要是禀赋效应（Endowment Effect），也就是消费者更看重自己所拥有的物品，并赋予其较大的价值。此外，一些学者的研究还发现，心理和情感因素也会导致 WTA 与 WTP 之间出现差距。如 Anderson 等（2000）研究了消费者对具有环保因素鸡蛋的支付意愿和补偿意愿，发现消费者的平均 WTA 是平均 WTP 的 1.5 倍，导致二者出现差距的原因是消费者对环境等公共物品的道德责任感。总结已有的文献，可以发现影响 WTA 与 WTP 之间出现不一致的因素主要有以下五类。

（一）收入效应和替代效应

收入效应指的是，在研究 WTA 与 WTP 中，发现消费者的 WTP 受到收入

的约束，很多被调查者表示“由于我的收入较低，我不愿意为该物品进行支付”，但是WTA却可以不受收入高低的限制，甚至很多消费者的WTA远高于自己的收入。正是由于收入效用的存在，导致WTA与WTP经常出现不一致。此外，当研究对象的商品较为熟悉和便宜并且拥有大量替代品时，收入效应的发生会降低。替代效应是对引起WTA与WTP差距的另一种解释。最早发现这一现象的是Shogren等（1994），其为了研究WTA与WTP之间的区别，这一研究首先设计了一个非市场物品的一般性的实验。发现商品之间的不完全替代会导致WTA与WTP之间出现差距，当物品之间的替代性越强时，两者之间的差距趋于减少。Horowitz和McConnell（2003）分析了WTA与WTP之间的差距并测算了收入弹性，认为WTA与WTP之间出现差距的原因之一是测试物品与对照物品之间的替代效应。在此基础上，Amiran和Hagen（2010）从一般化的代表性消费者出发，分别从经济学理论上阐述了WTA与WTP对公共物品和私有物品之间的差别，并指出导致这种差别的原因主要是消费者对公共物品和私有物品之间替代弹性不同。

（二）禀赋效应和损失规避

禀赋效应对这一现象的解释是，当一个物品成为某个人资源禀赋的一部分时，相比于不是其禀赋一部分时，其会认为其更重要并赋予其较高的价值。禀赋效应的本质是在偏好上有一个参考点的真实效应，其经典的陈述方式是：①一旦我拥有这一物品，它将更加具有价值，因为它是属于我的；②一旦我拥有，我将很难放弃该物品。卡尼曼认为，禀赋效应是“偏爱的结果”，一旦个人拥有某一物品，那么其赋予该物品的价值就急剧上升，因此禀赋效应产生的必要条件之一就是给予被调查者拥有权而不是消费权。与禀赋效用并列的一种解释是损失规避（Loss Aversion），根据前景理论，在风险决策下的价值函数上，获益为凹函数，损失为凸函数，且损失函数比获益函数更加陡峭。因此，面对同样的财富，失去该财富比获得同样的财富产生的心理变化更大，这是导致产生损失规避心理的前景理论解释。大量的实证研究已经证实了损失规避现象的普遍性，其中包含金钱、咖啡杯、油画和巧克力等物品，也包括金钱难以衡量的物品，如彩票、比赛门票和奖品等。因此，在进行CVM的价值评估和WTA与WTP的研究时，通常消费者会对失去现有东西的评价较高，而对未来才能获得的东西评价较低，加上资源环境和食品安全等公共物品的供给数量稳定，导致被调查者只能在接受或放弃之间做出选择，由于禀赋效用和损失规避心理的存在，就会增大 WTA 与 WTP 之间的差距。

（三）交易费用和产权理论

交易费用（Transaction Cost）发生在购买或者出售某一物品时所需花费的成本，比如所需支付或者补偿的物品需要走到该处以实现交换。所以，一个人可能会提高某一物品的价格以包含购买一个替代品的交易成本。关于交易费用的可能表述是，“如果我出售这个物品，我必须去商店再买一个，所以当我卖出时，我要考虑再购买所花费的费用”（Brown，2005）。从产权的角度来看，食品安全、资源环境等公共物品多属于无主产权或者公共产权，这样的产权安排现状下，个人使用公共物品无须支付相应的费用。而 WTA 问卷试图假设个人拥有这些公共物品的产权，要求被调查者回答如果失去对公共资源的占有时所需要得到的最小经济补偿，这种假设与现实情况存在较大差距，因此消费者在调查时经过拒绝回答或者接受较大的补偿金额；在对 WTP 的调查中也经常遇到类似的问题，消费者经常会质疑该问题的合理性，认为自己作为纳税人已经为公共物品支付了费用，因此就不愿意为改善食品安全进行支付。从上述分析可以看出，交易费用和产权理论也是引起 WTA 与 WTP 差距的重要理论依据。

（四）不确定性

所谓不确定性（Ambiguity），指的是消费者的行为决策是置于某种概率之下的。不确定性表明，可能出现一种以上的情况，但是会发生哪种状态并不清楚。Zhao（2001）研究了个人对生态系统服务和环境物品的价值发现，决策者认为决策面临不确定性和风险，因此要求得到补偿，结果发现 WTA 较高而 WTP 较低。实践也证明这一点，对估值对象的描述越精准可靠、越清晰全面，WTA 与 WTP 之间的差距就会越小。国外的一系列研究也证实了不确定性导致 WTA 与 WTP 的差距（Tversky 和 Kahneman，1992）。Horowitz 和 McConnell（2003）研究了很多个差距的案例，发现非市场物品的差距最大，其次是私人物品，金钱物品的差距最低。在调查过程中通过消除不确定性以减小 WTA 与 WTP 差距的一个办法，是在问卷设计中减少个体间信息的不对称，向被调查者详细描述所测试的商品特征和所包含的完全信息。以此消除不确定性从而减

小 WTA 与 WTP 的差距。

（五）惩办主义及其他理论解释

惩办主义（Punishment）体现最为明显的是在 WTA 的调查当中，由于该估值不仅仅是被调查者对食品安全等公共物品内在价值的考量，也是对导致食品安全问题责任人或者责任企业附加的惩罚。对食品安全进行补偿，消费者除了要求弥补自己的损失之外，还要求较高的补偿额以实现对责任企业的惩戒，但是对 WTA 的调查却不存在这些因素。与此心理类似的是维持现状偏差（Status Quo Bias），也叫适应性心理。由于受访者不愿意接受比现状更差的状况从而要求更高的补偿，这种维持现状的强烈倾向，导致在对其进行补偿时必须远大于其损失才能实现。除了上述理论依据，还有一些原因如寻找好的交易（Seeking a Good Deal）、享乐主义、合法性和责任感等导致 WTA 与 WTP 之间的差距，如表 6－1 所示。

表 6－1　WTA 与 WTP 差距的理论归纳

理论观点	代表文献	概要说明
收入效应（Income Effect）	Willig（1976）	WTP 受到收入效应的限制，而 WTA 可以大于收入并不受收入的约束，也即公共物品对消费者的效用存在附加收入效应
替代效应（Substitition Effect）	Hanemann（1991）	评估环境物品的替代品较少，WTA 与 WTP 差距越大，环境物品作为公共物品，其替代很少或无
前景效应理论（Prospect Effect）	Kahneman（1979）	失去已有物品引起的效用损失大于获得该物品的效用增加，原因在于收入增加的边际效用递减
禀赋效应（Endorsement Effect）	Thaler（1980）	在不确定性经济行为下，人们拥有的某物品后不愿意失去并赋予其较高的价值
损失规避（Loss Aversion）	Coursey（1987）	相同的损失和收益对人们心理影响的差距，人们对损失的厌恶程度往往大于相同的收益带来的愉悦程度
产权或交易费用（Transaction Cost）	Brown（1999）	在市场交换条件下，购买物品的支付意愿不包括交易费用，而出售物品（补偿意愿）却包括交易费用

通过上述理论分析，导致 WTA 与 WTP 之间发生差距的因素很多，其中最为重要的是基于前景理论的解释。但与国外研究不同的是，本书研究的是食品

安全这种公共物品，以消费者对转基因大豆油的支付意愿和补偿意愿为分析对象，尤其是消费者因消费心理和资源禀赋的不同而导致WTA与WTP之间的差距。为研究导致WTA与WTP差距的内在机理和影响因素，接下来在理论分析之后，对WTA与WTP之间的差距展开实证分析，以探索我国消费者WTA与WTP差距的具体因素。

第二节　WTA与WTP差距的描述及变量设定

一、WTA与WTP差距的描述分析

这一部分研究的是WTA与WTP之间的差距，在前面研究的基础上，通过计算出封闭式问卷和开放式问卷中愿意支付和补偿的消费者的个人WTP和WTA，并以WTA与WTP之间的理论比值为对象分析二者相差倍数的影响因素。由于WTA数值较大，而WTP数值较小，本书采取将WTA除以被调查者家庭大豆油的消费量（约为1升/月），经过这样处理后将其与WTP相比，作为二者差异的倍数。本研究中只关心二者差异的影响因素和二者差异的相对数，并不关心二者绝对数值的大小。在处理中，WTA可以取值为零，作为分母的WTP不能为零只能为实数，结果筛选后得出WTA与WTP比值的区间分布及概率如表6－2所示。根据数值的分布特征，WTA与WTP二者的比值划分为10个区间，其中封闭式问卷中0值有114个，占到总数的53.02%，最大比值为266.7；开放式问卷中0值仅有12个，占比为6.35%，最大比值为100。

表6－2　WTA与WTP比值的区间分布及概率

封闭式问卷				开放式问卷			
WTA与WTP	人数	比例（%）	累计概率（%）	WTA与WTP	人数	比例（%）	累计概率（%）
0	114	53.02	53.02	0	12	6.35	6.35
0～2	5	2.33	55.35	0.1～1	22	11.64	17.99

续表

封闭式问卷				开放式问卷			
WTA 与 WTP	人数	比例（%）	累计概率（%）	WTA 与 WTP	人数	比例（%）	累计概率（%）
2. 1 ~5	10	4. 65	60. 00	1. 1 ~3	29	15. 34	33. 33
5. 1 ~10	14	6. 51	66. 51	3. 1 ~5	16	8. 47	41. 80
10. 1 ~15	14	6. 51	73. 02	5. 1 ~7	14	7. 41	49. 21
15. 1 ~20	22	10. 23	83. 25	7. 1 ~10	29	15. 34	64. 55
20. 1 ~40	13	6. 05	89. 30	10. 1 ~15	21	11. 11	75. 66
40. 1 ~60	6	2. 79	92. 09	15. 1 ~20	12	6. 35	82. 01
60. 1 ~80	8	3. 72	95. 81	20. 1 ~40	18	9. 52	91. 54
80. 1 ~100	7	3. 26	99. 07	40. 1 ~60	10	5. 29	96. 83
100. 1 ~270	2	0. 93	100. 00	60. 1 ~100	6	3. 17	100. 00

从表 6 -2 中 WTA 与 WTP 比值区间的分布来看，封闭式问卷中占比最多的区间为 15. 1 ~20，这一区间占到总数的 10. 23%。其次是分布在 5. 1 ~10 和 10. 1 ~15，两个区间占比均为 6. 51%，分布在 100. 1 ~270 的最大差异倍数仅为 2 个，占比为 0. 93%，其他分布区间基本上较为平均。封闭式问卷的这种区间分布，反映了在封闭式问卷调查所得到的 WTA 与 WTP 之间的差异较大，导致二者的倍数在 0 ~270 都有分布。与封闭式问卷相比，开放式问卷中 WTA 与 WTP 二者之间的比值差异较大，比值分布处于 0 ~100 倍，远低于封闭式问卷中二者的比值变化，体现出了较低的波动性。其中，开放式问卷中分布较多的区间分别为 1. 1 ~3 和 7. 1 ~10，占比均为 15. 34%；其次是 10. 1 ~15，占到总数的一成左右；比值最大的区间为60. 1 ~100，占比为 3. 17%，其他区间分布均低于 10%。通过对比封闭式问卷和开放式问卷数据中 WTA 与 WTP 二者的比值，可以发现封闭式问卷中二者差异的程度远大于开放式问卷中的，前者产生的变异和波动性也高于后者。

根据 WTA 与 WTP 二者比值的区间分布和累计概率，绘制了二者差异的条形图，具体分布如图 6 -1 所示。从封闭式问卷中 WTA 与 WTP 二者比值的分布来看，两者之间的比值表现为在 2 以下分布较多，发现所有的 10 个区间内分布较为平均，这在图形中的表现是先陡峭下降，然后在平缓变动，可以称之为“山坡型”；与之相比，开放式问卷中二者的比值体现了另一种特点，在不同的区间分布表现为先上升后下降，然后再上升后又下降的“波浪形”分布。开放式问卷中 WTA 与 WTP 比值的区间分布在 1. 1 ~ 3、10. 1 ~ 15 和 20. 1 ~ 40 取得峰值，然后出现较大下降。这说明，这种规律在 WTA 与 WTP 的研究中第一次发现，是否具有普遍性有待于进一步研究和探索。关于 WTA 与 WTP 二者分布区间的累计分布，无论是封闭式问卷还是开放式问卷都表现为直线上升的趋势，这是由累计概率分布的特性所决定的。但是在具体上升的趋势上，从图中可以发现封闭式问卷上升得比较缓慢，而开放式问卷上升得较快，其原因与区间分布的变动性有关。

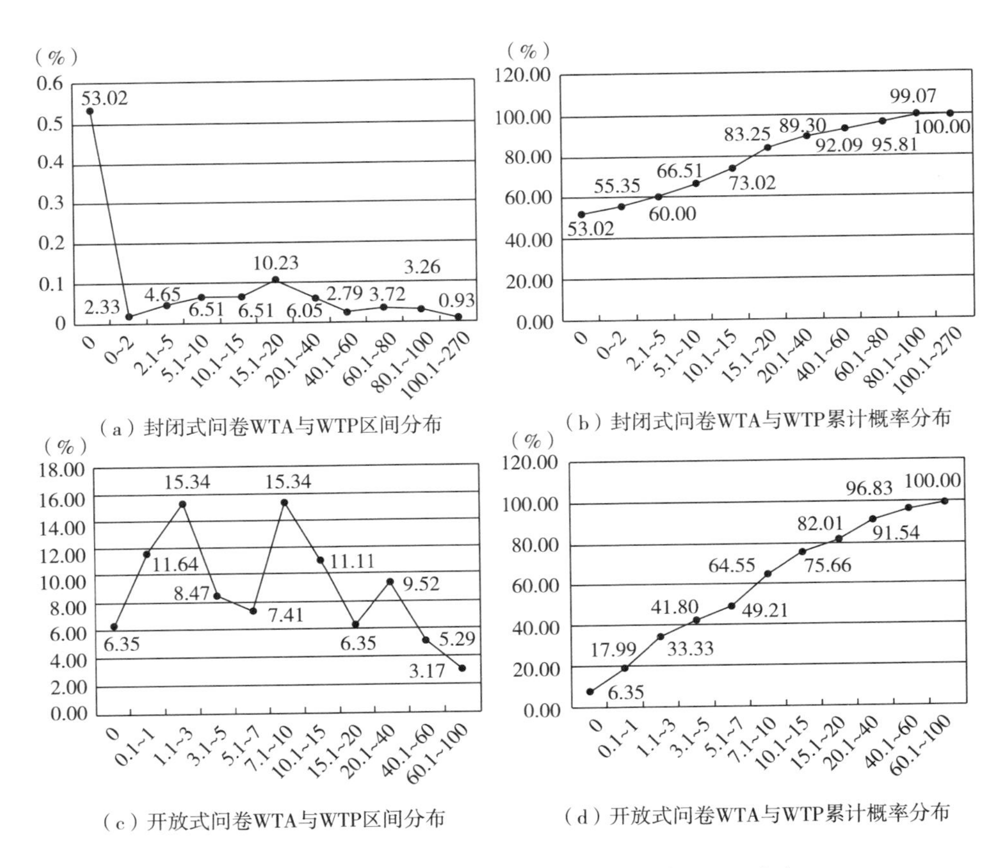

（a）封闭式问卷WTA与WTP区间分布

（b）封闭式问卷WTA与WTP累计概率分布

（c）开放式问卷WTA与WTP区间分布

（d）开放式问卷WTA与WTP累计概率分布

图 6 – 1　封闭式问卷和开放式问卷 WTA 与 WTP 分布

二、变量选择与定义

本节研究以 WTA 与 WTP 比值的倍数为被解释变量（实际取值，包括 0），由于研究仅关系二者之间的相对关系及影响因素的不同，因此 WTA 的处理采取将其折算成 1 升大豆油的价格之后再除以 WTP，得要 WTA 与 WTP 的比值作为被解释变量，封闭式样本（n = 298，包括 0 值）的均值为 18.963，开放式样本（n = 287，包括 0 值）的均值为 14.972，两套数据基本上比较接近。在研究的变量设置方面，沿用前两章的思路，主要包括个人基本特征、食品安全的风险态度、转基因食品的认知和信任程度、信息寻求行为和产品信息对购买的重要性五类（见表 6 - 3），并重新计算了封闭式问卷和开放式问卷各变量的均值和标准差。在前面研究的基础上，这一部分加入了消费者对转基因食品的认知变量和广告对消费行为的影响这两个新变量，因为认知因素作为重要的心理因素，是行为决策的重要心理基础，而现代信息社会中广告同样发挥着重要作用，广告向消费者传达的产品信息大大强化了消费该产品的行为。因此，将上述两个新变量加入模型中以研究导致 WTA 与 WTP 之间出现差异和影响因素的具体原因。

表 6 - 3　WTA 与 WTP 差距的变量设置及定义

变量		定义	取值	封闭式均值（标准差）	开放式均值（标准差）
因变量	WTA 与 WTP	补偿意愿与支付意愿的比值	测算结果的理论比值	18.963（29.341）	14.972（23.847）
自变量	个体特征	性别（gender）	虚拟变量，男 = 1，女 = 0	0.474（0.501）	0.418（0.495）
		年龄（age）	消费者的实际年龄	33.302（12.579）	28.376（7.921）
		受教育程度（education）	小学以下 = 1；初中 = 2；高中或中专 = 3；大专及本科 = 4；研究生及以上 = 5	3.986（0.914）	4.259（0.752）

续表

变量	定义	取值	封闭式均值（标准差）	开放式均值（标准差）
家庭经济特征	家庭月平均收入（income）	3000元以下=1；3000~6000元=2；6001~8000元=3；8001~10000元=4；10001~20000元=5；20000元以上=6	2.837（1.564）	3.122（1.735）
	家庭月食品支出（expend）	800元以下=1；800~1500元=2；1501~2500元=3；2500元以上=4	2.563（0.979）	2.376（0.957）
	家中是否有13岁以下小孩（kids）	有=1；没有=0	0.344（0.476）	0.265（0.442）
食品安全风险态度	食品安全的风险认知和感觉（concern）	非常严峻=1；比较严峻=2；一般=3；比较安全=4；非常安全=5	3.665（1.036）	3.619（1.023）
转基因认证的信任程度和风险感知	对转基因食品的认知（gmcognition）	很不安全=1；有些不安全=2；基本安全=3；比较安全=4；非常安全=5	2.418（0.933）	2.582（1.042）
	是否信任经过认证的非转基因大豆油（gmtrust）	非常不信任=1，不太信任=2；一般=3；比较信任=4；非常信任=5	2.935（1.044）	3.196（1.015）
信息寻求	是否主动寻求食品安全信息（inform）	是=1，否=0	0.693（0.462）	0.519（0.501）
产品信息对购买的重要性	价格对是否购买的重要性（price）	完全不重要=1；不怎么重要=2；一般=3；比较重要=4；非常重要=5	3.219（0.914）	3.444（0.996）
	转基因安全认证对是否购买的重要性（securitycertifi）	完全不重要=1；不怎么重要=2；一般=3；比较重要=4；非常重要=5	4.074（0.964）	4.000（1.016）
	原产地认证对是否购买的重要性（origincertifi）	完全不重要=1；不怎么重要=2；一般=3；比较重要=4；非常重要=5	3.460（1.031）	3.370（0.995）
	广告认证对是否购买的重要性（advtise）	完全不重要=1；不怎么重要=2；一般=3；比较重要=4；非常重要=5	2.986（1.016）	3.111（0.958）

第三节　WTA 与 WTP 差距的模型设定

WTA 与 WTP 两者之间的差距可以用差值的绝对形式表示，也可用比值的相对形式表示，已有文献通常使用二者比值进行研究。由于本部分所要分析的是 WTA 与 WTP 的相对大小及影响因素，结合数据特征，本书在 Havet 等（2012）研究的基础上，设定以下模型：

$$\frac{WTA_i}{WTP_i} = Ratio_i = y_i = u_i + \beta x_i + \varepsilon_i \tag{6-1}$$

其中，u_i 为研究特定（Study - Specific）误差，x_i 为解释变量，ε_i 为不能观察的其他影响因素，满足独立和正态分布假设。由于 WTA 与 WTP 的比值存在 0 的情况，因此只有满足 $y_i > 0$ 的情况才能被观察到，也就意味着因变量 y_i 存在断尾，属于断尾中的左断尾（Left Truncation）。当研究的因变量 y_i 断尾后，其概率密度函数也随之发生变化。记 y_i 原来的概率密度函数为 $f(y)$，则断尾后的条件密度函数为：

$$f(y|y>0) = \begin{cases} \dfrac{f(y)}{P(y>0)}, & if \quad y>0 \\ 0, & if \quad y \leqslant 0 \end{cases} \tag{6-2}$$

由于概率密度函数曲线下的面积必须为 1，故断尾随机变量（Truncated Random Variable）的密度函数均乘以因子 $\frac{1}{P(y>0)}$。

对于回归模型 $y_i = u_i + \beta x_i + \varepsilon$，假设 $\varepsilon_i | x \sim Normal(0, \sigma^2)$。因此，$y_i | x_i \sim Normal(x_i\beta, \sigma^2)$，那么断尾情况下的期望公式为：

$$E(y_i | y_i > 0) = x_i\beta + \sigma \cdot \lambda[(0 - x_i\beta/\sigma)] \tag{6-3}$$

由于 $y_i > 0$ 是样本可观测的条件，式（6-3）表明，如果用 OLS 估计 $y_i = u_i + \beta x_i + \varepsilon$，则遗漏了一个非线性项 $\sigma \cdot \lambda$ [（$0 - x_i\beta/\sigma$）]，被纳入了扰动项中。由于该项是 x_i 的函数，故与 x_i 相关。因此，在 OLS 回归中，扰动项与解释变量 x_i 相关，导致不一致的估计。

使用最大似然（MLE）可以得到一致的估计。断尾前 y_i 的概率密度函数为：

$$f(y_i)=\frac{1}{\sqrt{2\pi\sigma^2}}\exp\left\{-\frac{1}{2}\left(\frac{y_i-x_i\beta}{\sigma}\right)^2\right\}=\frac{1}{\sigma}\phi\left(\frac{y_i-x_i\beta}{\sigma}\right) \tag{6-4}$$

样本被观测到的概率为：

$$\begin{aligned}P(y_i>0\mid x_i)&=1-P(y_i\leqslant 0\mid x_i)\\&=1-P\left(\frac{y_i-x_i\beta}{\sigma}\leqslant\frac{0-x_i\beta}{\sigma}\mid x_i\right)\\&=1-P\left(\frac{\varepsilon_i}{\sigma}\leqslant\frac{0-x_i\beta}{\sigma}\mid x_i\right)\\&=1-\Phi\left(\frac{0-x_i\beta}{\sigma}\right)\end{aligned} \tag{6-5}$$

其中，$\frac{\varepsilon_i}{\sigma}$服从标准正态分布。因此，断尾后的条件密度为：

$$f(y_i\mid y_i>0,\ x_i)=\frac{\frac{1}{\sigma}\phi[(y_i-x_i\beta)/\sigma]}{1-\Phi[(-x_i\beta)/\sigma]} \tag{6-6}$$

由此，可以计算出整个样本的似然函数，然后利用 MLE 可以得出断尾样本的无偏估计结果。

第四节　WTA 与 WTP 差距的实证分析

运用计量软件 STATA12.0 对 WTA 与 WTP 差异的决定因素进行 Truncated 断尾回归估计，表 6-4 和表 6-5 报告了模型的估计结果。结果表明，封闭式问卷中职业、家庭月平均收入、价格对是否购买的重要性和原产地对是否购买的重要性对 WTA 与 WTP 之间差异产生显著影响，Truncated 回归显示显著性因素在两个模型中基本一致；在开放式问卷中，影响 WTA 与 WTP 差异的因素分别是性别、职业、对食品安全的风险认知以及是否主动寻求信息等变量。

一、封闭式问卷数据回归结果

封闭式采用 Truncated 断尾回归结果如表 6－4 所示，影响 WTA 与 WTP 之间差异的变量主要包括性别、年龄、家庭月食品支出、价格对是否购买的重要性和广告对购买的重要性。其中，性别因素在 10% 的统计水平上显著且为负，说明男性比女性更容易导致较大的 WTA 与 WTP 差异。此外，年龄因素对 WTA 与 WTP 之间的差距在 10% 的统计水平上显著，说明年龄越大，二者之间的差距就越小，这主要是由于不同年龄段的消费群体在支付意愿和补偿意愿的表达出现较大差异的缘故。消费者的食品支出对 WTA 与 WTP 之间的差异产生显著影响，食品支出越多，二者之间的差异也就越小，反映了食品支出等经济变量对消费者偏好的影响较大，由于转基因大豆油构成了消费者食品支出的一部分，因此对支付意愿产生较大影响，同时在补偿意愿上却不受收入的约束，因此导致二者出现显著差别。这与赵军等（2007）对环境与生态系统服务价值的研究结果不一致，造成的原因可能与研究对象有关，转基因大豆油等食品为消费者所熟悉，消费者可以很清楚地了解其属性和价值因素，但是环境等生态系统的属性和内在价值并不为多少消费者所了解，其内在价值在衡量方面也具有不准确性，所以导致统一经济变量在两个研究中出现相反的结果。食品支出这一变量在回归结果中显著，证明了收入效应的存在，也即 WTA 可以完全不受消费者收入预算约束的影响，而 WTP 却受到消费者经济状况的限制。

消费者对非转基因大豆油的价格信息比较敏感，越看重非转基因大豆油的消费者其 WTA 与 WTP 之间的比例越小，这说明重视价格信息的消费者对经济因素比较敏感，无论是支付意愿还是补偿意愿都比较接近，从而导致二者之间的比率低于不看重价格信息的消费者。消费者是否信任经过认证的非转基因大豆油和信息因素及认知等变量在这一模型回归中并不显著，说明上述变量对 WTA 与 WTP 之间的差距不产生影响。广告对消费者是否购买转基因大豆油的重要性在 Truncated 回归中显著且为正，也即重视广告信息的消费者比不重视广告信息的消费者出现更大的 WTA 与 WTP 差距。这是由于在现代信息社会中，广告对消费者购买行为的影响十分巨大，在某些程度上放大了消费者的偏好。在调查过程中，本书发现很多消费者受到转基因大豆油广告的影响，而这些广告却从不提及是否为转基因大豆油，而从科技和营养的角度回避这个问题，导致消费者认为转基因大豆油与非转基因大豆油一样安全，从而不愿意为不存在安全风险的非转基因大豆油进行支付，这在很大程度上导致了消费者 WTA 与 WTP 之间出现了显著差异。相比于不太关注广告的消费者而言，不关注广告的消费者更倾向于购买非转基因大豆油，从而愿意为其支付较高的价格，这是广告变量影响二者差距的重要原因。

表 6－4　封闭式回归结果（n＝292）

自变量	Truncated 模型估计
性别（gender）	－3. 713（0. 085）*
年龄（age）	－0. 170（0. 082 ）*
受教育程度（education）	－2. 118（0. 116）
家庭月平均收入（income）	－0. 273（0. 653）
家庭月食品支出（expend）	－2. 476（0. 053）**
家中是否有 13 岁以下小孩（kids）	0. 758（0. 743）
食品安全的风险认知和感觉（concern）	－0. 513（0. 663）
对转基因食品的认知（gmcognition）	0. 716（0. 546）
是否信任经过认证的非转基因大豆油（gmtrust）	0. 664（0. 529）
是否主动寻求食品安全信息（inform）	－2. 549（0. 321）
价格对是否购买的重要性（price）	1. 844（0. 109）*
转基因安全认证对是否购买的重要性（securitycertif）	－2. 013（0. 092）*
原产地认证对是否购买的重要性（origincertifi）	1. 740（0. 133）
广告对是否购买的重要性（advtise）	1. 839（0. 074）*
常数项	30. 799（0. 003）***
Log likelihood	－1155. 587
Wald chi^2（14）	32. 150
Prob ＞ chi^2	0. 003

注：①括号内数值为 p 值；②＊＊＊、＊＊和＊分别表示在 1%、5% 和 10% 的统计水平上显著。

二、开放式问卷数据回归结果

开放式问卷数据经过 Truncated 回归后，显著的因素基本一致，但与封闭

式问卷稍有不同（见表6－5）。具体而言，开放式回归结果中，影响WTA与WTP之间差异的因素主要是性别、家庭月平均收入、家庭月食品支出以及转基因安全认证和原产地认证对购买的重要性等变量，这与封闭式问卷的显著性因素稍有不同。性别因素对WTA与WTP差异的影响表明，男性比女性的WTA与WTP差异更大，这反映了男女消费心理的不同。一般而言，男性没有女性理性，在对同一种商品的支付意愿和补偿意愿之间的价格选择常常发生较大的变化，不够稳定，而女性由于对风险、价格和质量等信息更关注，因此在对大豆油的支付意愿和补偿意愿的选择方面不会出现较大的差异，从而导致男性的WTA与WTP比值的波动性大于女性。收入这一变量在回归结果中显著，证明了收入效应的存在，也即WTA可以完全不受消费者收入预算约束的影响，而WTP却受到消费者经济状况的限制，这一点已被诸多文献所证实。此外，消费者的家庭月食品支出也对WTA与WTP之间的差距产生显著影响，其与收入变量都属于经济因素，说明经济因素仍然是导致WTA与WTP之间出现差距的重要因素。

表6－5　开放式回归结果（n＝286）

自变量	Truncated 模型估计
性别（gender）	3.625（0.031）**
年龄（age）	0.031（0.786）
受教育程度（education）	－0.713（0.544）
家庭月平均收入（income）	－1.153（0.040）**
家庭月食品支出（expend）	－1.872（0.058）**
家中是否有13岁以下小孩（kids）	－1.851（0.363）
食品安全的风险认知和感觉（concern）	－0.059（0.946）
对转基因食品的认知（gmcognition）	0.066（0.932）
是否信任经过认证的非转基因大豆油（gmtrust）	－0.855（0.307）
是否主动寻求食品安全信息（inform）	－0.635（0.728）
价格对是否购买的重要性（price）	0.431（0.605）
转基因安全认证对是否购买的重要性（securitycertif）	－2.685（0.005）***
原产地认证对是否购买的重要性（origincertifi）	2.466（0.013）***

续表

自变量	Truncated 模型估计
广告认证对是否购买的重要性（advtise）	0.124（0.888）
常数项	20.225（0.017）***
Log likelihood	-1018.888
Wald chi^2（14）	36.020
Prob > chi^2	0.001

注：①括号内数值为 p 值；②***、**和*分别表示在 1%、5%和 10%的统计水平上显著。

与封闭式问卷数据的回归结果类似，消费者是否重视转基因安全认证和原产地认证直接影响到 WTA 与 WTP 之间的比值大小，但两个变量所起作用的方向却是不同的。其中，转基因安全认证对 WTA 与 WTP 的比值产生显著的负向影响，而原产地认证则产生显著的正向影响，其中原因主要是，转基因安全认证主要是为了证明转基因食品的安全性，而原产地认证则恰恰相反，原产地通常是为了证明非转基因食品的安全性，这也是导致二者对 WTA 与 WTP 比值产生不同作用的重要原因。通过对开放式问卷影响 WTA 与 WTP 差距的因素可以发现，影响二者差距的主要因素与封闭式问卷有些区别，这些影响不一样的变量主要是年龄、价格因素和广告，说明不同的问卷设问方法会对研究对象产生一定的影响。

三、WTA 与 WTP 差距的机制解释

由于消费者对转基因大豆油的 WTA 与 WTP 之间出现的不一致，本章内容利用 Truncated 模型对影响二者之间差异的因素进行了实证分析。根据前景理论设计了研究思路和变量选择，实证分析以 WTA 与 WTP 的比值作为因变量，以消费者的个人特征、食品安全的风险态度、转基因食品的认知和信任程度、信息寻求行为和产品信息对购买的重要性等作为解释变量。研究发现，影响 WTA 与 WTP 不一致的因素包括消费者的性别、年龄、家庭月平均收入、食品支出、对食品安全认证的信任程度、安全认证信息、原产地信息及广告等变量，这些变量从消费者心理、主观认知和信息感知等方面影响消费者的行为决策，表 6-6 汇总本研究对 WTA 和 WTP 及二者差距的测算结果。

表6-6　WTA和WTP及其差距均值的测算结果汇总表

单位：元/升

测算结果	封闭式问卷	开放式问卷
WTP	2.05 (1.71~2.45)	1.553 (1.34~1.69)
WTA	21.60 (12.23~30.02)	38.66 (27.85~50.00)
WTA与WTP	18.98 (15.58~22.34)	14.97 (12.22~17.71)

注：括号内为置信区间，置信度为95%。

根据研究结论，可以从以下五个角度对WTA与WTP差距的机制进行解释。

（1）由于转基因大豆油的替代性较强，导致消费者的WTA与WTP出现显著差异。这是由于如果转基因大豆油不安全或者价格较高，消费者可以很容易选择玉米油、花生油、橄榄油等替代品进行消费，这就会导致消费者对非转基因大豆油较低的支付意愿，而一旦受到损害要求的补偿并不因这一点而降低，从而使WTA与WTP之间出现较大差异。

（2）收入效应的存在导致WTA与WTP出现显著差异。运用Truncated和Tobit模型回归结果显示，收入变量对WTA与WTP的比值产生显著影响。根据前景理论，WTA可以不受到消费者收入预算的约束，而WTP却受到收入水平的限制，收入对二者的不同影响导致WTA与WTP出现较大差距。

（3）消费者对改善食品安全的意愿显著低于为避免食品安全恶化的意愿，表现为愿意补偿的比率远大于愿意支付的比率，也即WTA均值远大于WTP均值，这符合前景理论的假设。由于前景理论中价值函数的特性，人们对损失的变化更加敏感，面对同样财富的变化，损失带来的痛苦远大于盈利带来的快乐。由此，WTA与WTP差距的食品安全管理的含义在于，破坏食品安全所导致的消费者福利损失将远大于改善食品安全所引起的福利改进。

（4）不确定性的存在导致消费者WTA与WTP出现差异。假设消费者可以获得该补偿，但是这一补偿毕竟是未来的收入变化，并不像支付意愿一样变现为收入的即刻变化，因此对补偿金额的期望具有不确定性，调查中消费者担心不能完全拿到这些补偿，这种不确定性表现在决策行为方面就导致了WTA与WTP的较大差异。

（5）惩罚心理的存在导致WTA值远高于WTP。从心理学的角度来说，惩罚心理体现为消费者要求较高的补偿意愿，从收入流上对过错食品企业进行惩罚，消费者在选择补偿意愿投标额经常表达出一种应该对违法企业加大处罚的心理要求。正是由于处罚心理的存在，引发了远大于WTP的WTA，从而使二者出现较大的差异。虽然还可能存在其他因素导致二者存在较大差异，但从本书的研究中所得出的影响机理只有上述五种解释。

本书研究对WTA与WTP差异的分析采取比值的形式进行，利用第四章和第五章的方法测算出每个人WTP和WTA的理论值，并将二者相除所得的比值为被解释变量，从消费者个人特征、家庭经济特征、转基因的认知、信任和信息行为等方面做了截尾回归分析。研究得出的WTA与WTP的实际比值处于0～270，理论比值处于0～76，虽然大于很多文献研究得出的比值，但处于国际文献可以接受的范围，表6－7对已有研究做了梳理。比如Bernard等（2005）对病人护理服务的支付意愿和补偿意愿的研究得出的WTA与WTP比值处于1.4～61，这与本书的研究较为接近。其他多数文献测算出的比值在10以下，导致的原因可能存在以下三个方面。首先，在于研究对象的不同。已有文献的研究对象主要是各种健康项目或者是资源环境等公共物品价值的评估，评估对象的不同将直接导致WTA与WTP的显著差异，由于本书研究的对象为转基因大豆油，其价值相对于很多公共物品而言较低，导致消费者的支付意愿偏小，但是因其引发的健康损失是巨大的，这导致较高的补偿意愿，从而导致二者巨大的差距。其次，样本设计调查方法的不同导致测算的消费者偏好的精确度不同。本书采用CVM假设价值评估法中的开放式和封闭式设问方法调查消费者偏好，而已有文献采用的设问方式包括实验拍卖法、投标博弈法、支付卡法等类型，这些不同的设问方式需要根据研究对象的性质而设定，不同的设问方式所引致的消费者的偏好强度不同，从而在测算结果上存在差别。最后，测量方法和变量的选取在一定程度上影响了WTA与WTP理论值的大小。由于所需评估的对象具有不同的内在属性，因此选择的变量类型和测算方法将导致

对同意中物品的测算也会出现差异，所以WTA与WTP的比值会因测量方法的不同而有差别，但总结已有文献的成果，可以发现这一比值基本上在一定区间波动。本书研究得出的WTA与WTP比值处于可接受的范围，由于在研究理论和研究方法上做了进一步改进和修正，因此在测量结果方面更加准确和可靠。

表6-7　与已有文献关于WTA与WTP差距的比较

文献	研究对象	WTA与WTP比值	影响因素	差距原因
李腾飞（2014）	转基因大豆油	封闭式：18.98 开放式：14.97	封闭式：性别、年龄、月食品支出、转基因认证 开放式：性别、家庭月平均收入、家庭月食品支出、转基因安全认证和原产地认证	替代效应、收入效应、损失规避、不确定性和惩罚心理
Grutters等（2008）	助听设备	1.7~3.2	成本因素、教育程度、使用经历和收入等	损失规避心理
Biel等（2011）	WWF捐款	—	情感和道德认知	情感道德因素，对公共物品的道德责任
Guria等（2005）	交通安全项目	3.75	交通密度、事故率	损失规避和替代效应
Bernard等（2005）	病人护理服务	1.4~61.0	收入、健康状况	偏见引起的偏好变化导致二者的较大差距
Simonson和Drolet（2004）	实际物品的购买与出售	1.1~1.4	参照效应、锚定效应	不确定性与禀赋效应
Saz-Salazar等（2009）	水资源	1.73	收入、年龄与主观认知	收入效应、环保责任感
高汉琦等（2011）	耕地生态效益	4.8	年龄、受教育程度、家庭人口	调查方案和假设情景
王志刚等（2007）	禽类食品安全	8.2	年龄、收入和认知	损失厌恶
张翼飞（2008）	生态环境	10.4	沿河居住期限，对政府的信任，生态环境认知	信息获取、收入效应
刘亚萍等（2008）	游憩资源的使用价值	1.93	性别、年龄、教育、职称	禀赋效应、替代效应、模糊性与不确定性和赔偿效应
赵军（2007）	生态系统服务价值	7.02	收入与学历	收入效应、对待损失与收益的不同心理
韩智霞（2010）	水质安全	4.33	年龄、婚姻、职业和收入	替代效应与维持现状偏差

第七章　研究结论与前景展望

本章对全书研究内容进行简要总结和整理归纳。首先，总结整个研究过程中得出的主要结论，在此基础上探讨这些结果对于政府、企业和研究者的政策含义，最后指出本书研究中尚存在的不足，并展望了未来进一步改进的努力方向。

第一节　研究结论

本书从 WTA 与 WTP 差距的理论争议出发，利用前景理论的分析框架，运用 CVM 设计了封闭式问卷和开放式问卷并获得两套数据，实证分析了消费者对转基因大豆油的支付意愿和补偿意愿及其差距。首先，利用赫克曼备择模型修正了样本选择的偏误问题，对比了封闭式问卷和开放式问卷影响消费者支付意愿的因素，在此基础上计算了两套问卷的平均支付意愿，比较分析了两种问卷设计形式导致 WTP 不一致的具体因素；其次，利用对北京市消费者的调查数据，运用赫克曼备择模型实证分析了消费者补偿意愿的影响因素，重点关注了封闭式问卷和开放式问卷中不一致的显著变量并分析了产生的原因；再次，分别计算了两套问卷的补偿意愿；最后，在上述研究的基础上，以 WTA 与 WTP 不对称为研究对象，运用 Truncated 截尾回归分析了导致二者差距的影响因素，运用前景理论和实证结果对 WTA 与 WTP 不对称的动机机制进行了阐释

和总结。具体而言，本书研究得出以下六点结论。

（1）前景理论可以有效解释引起 WTA 与 WTP 差距的内在机理。相比于计划行为理论和期望效用理论，前景理论将心理学因素纳入消费者行为决策当中，假设消费者是不完全理性的，同时考虑不确定性和风险等因素，有效解释了 WTA 与 WTP 的差距及偏好逆转问题。通过本书实证分析得出的结论，发现消费者在 WTA 与 WTP 的投标选择行为存在风险规避、禀赋依赖、不确定性和收入效用等行为。这些行为体现了消费者的不安全理性及偏好的非一致性，从而导致已有的期望效用理论和计划行为理论难以解释这些看似矛盾的现象。前景理论不仅可以有效分析食品安全领域的 WTA 与 WTP 差距的具体原因，还可以有效地解释日常行为决策，本书的分析表明采用前景理论分析消费者 WTA 与 WTP 差距的机制具有合理性。

（2）消费者对食品安全较低的支付愿意反映了食品质量存在二重性。消费者食品安全的支付意愿一是取决于经济能力，二是取决于当前的食品安全环境。由于食品质量存在公共属性和市场属性，公共属性要求政府很好地监管和有力打击假冒伪劣行为，如果消费者对政府食品安全的治理不满意，就不愿意为具有较高质量的食品进行支付；食品质量的市场属性通过市场交易的优胜劣汰来实现高质量产品的胜出，但由于企业和消费者经济地位不对等和信息不对称，导致消费者难以辨识食品质量的高低。由于食品质量二重性的存在，导致消费者对当前政府的质量监管能力和水平期望较高，自身质量感知水平较低，甚至怀疑经过认证的食品，并认为即使进行了支付也难以改善食品质量安全状况，由此导致消费者在对食品的支付上选择较低的投标额。

（3）封闭式问卷和开放式问卷两种方法导致支付意愿和样本偏差具有不同的表现形式。其中，封闭式问卷中根据食品的内在价值设置了不同阶梯的投标额供消费者选择，得出的支付意愿值更加符合食品的内在价值，并且修正了因选择性偏误导致的样本偏差问题。与之相比，开放式问卷对消费者支付意愿的研究虽然消除了起点偏差，但容易导致消费者的投标值远离食品的内在价值，具有较大的波动幅度，同时开放式问卷中存在样本选择偏误问题，需要采用赫克曼备择模型进行修正以纠正这种偏误带来的估计不准确等问题。

（4）消费者期待食品安全的合理补偿和补偿标准的制度化。实证分析发现，消费者的平均补偿意愿为215.96元/月（开放式问卷为386.59元/月），补偿比率也远高于支付比率，反映了消费者期待因食品质量安全问题导致的损失补偿，这一补偿不仅需要制度化，而且还需要可操作的标准和评价体系。由于目前我国没有制度性的补偿措施，加上食品安全的维权成本较高，导致很多消费者因食品质量安全问题遭受损失时难以有效维护自身权益。研究结果表明，消费者对大豆油较高的支付意愿体现了消费者强烈的食品安全关注度和补偿标准的制度化规定。因此，为促进食品安全形势的改善，提高消费者参与治理食品安全的积极性和保护其合法权益，必须将食品安全补偿制度化和常态化，从而为食品安全治理提供强大的社会力量。

（5）消费者食品安全的风险认知、质量信任等心理因素和产品信息属性变量对支付意愿和补偿意愿产生显著影响。根据前景理论，消费者在面对风险决策时主要考虑自己对食品安全的主观感知和价值感受，并且受制于自身能力、资源禀赋和信息等因素导致行为决策具有不完全理性。风险态度对消费者补偿意愿的影响程度大于支付意愿，不仅影响消费者是否愿意接受补偿，也影响其接受补偿金额的大小。作为另一个重要的心理变量，消费者对非转基因大豆油认证的信任程度同时对支付意愿和补偿意愿产生影响，其对非转基因大豆油认证越信任，支付意愿和补偿意愿越低。信息因素对消费者补偿意愿产生显著影响，但是不对支付意愿产生影响，主动寻求食品安全信息的消费者比不主动寻求的消费者补偿意愿低。除此之外，大豆油的价格信息、安全认证信息和原产地认证信息等也对消费者的支付意愿和补偿意愿产生显著影响。上述研究结果表明，风险认知、质量信任和产品信息属性等变量对消费者的支付意愿和补偿意愿产生影响，反映了前景理论在本书分析中的适用性。

（6）消费者支付意愿和补偿意愿差距的原因主要包括收入效应与替代效应、风险厌恶、不确定性与惩罚心理。收入效应主要体现在收入变量影响消费者的支付意愿，但补偿意愿却不受收入约束的影响，从而导致二者出现较大差距；替代效应主要是指转基因大豆油具有较强的替代性，消费者很容易选择其替代品进行消费，导致不愿意为食品进行支付或进行较高价格的支付。消费者

主要是风险厌恶的，反映在接受补偿的比率远高于进行支付的比率，并且对损失的变化更加敏感。由于食品安全形势的不确定性和大豆油质量的确定性，导致消费者愿意接受较高的补偿而支付较低的价格，引发支付意愿和意愿的分离和较大差距。消费者普遍存在的惩罚心理要求接受较高的补偿，以实现对违法食品企业的惩罚，提高其经营成本，从而促使过错企业改善食品质量，这一心理因素体现在决策行为上就是愿意接受较大的补偿，但是在支付上却选择较低的投标值，引起补偿意愿与支付意愿的差距。

第二节　政策含义

当前我国食品安全的形式仍然比较严峻，消费者对食品的信任程度和消费信心偏低。总结消费者支付意愿和补偿意愿及差距的机制，建议采取以下六点措施改善食品安全监管，维护消费者权益。

一是建立以消费者为核心的监管参与机制。消费者作为食品安全的信息接受者，其态度和支付意愿是监管执行过程中至关重要的因素。它不仅决定着食品安全监管的社会收益，而且影响和决定着整个食品安全监管的目标导向，并制约了安全食品的市场潜力，是政府监管和企业生产决策及行为选择的主要依据（郭桂霞和董保民，2011）。为保护消费者权益，增强消费者参与食品安全监管的意愿，建议引导建立相应的消费者组织和行业协会，鼓励消费者对产品质量从决策、实施到监督的全过程监督。同时，建立消费者组织和行业协会与行政监管部门及企业间的下情上传、上情下达的交流沟通机制，政府并给予必要的财力、物力支持，以形成强大的社会监督力量。

二是实施食品安全的政绩考核，增强政府监管食品安全的内在约束。政府作为公共管理机构和公共产品的提供者，对于食品安全负有不可推卸的责任。地方政府履行监管职能的效果直接关系着食品安全法律和相关政策目标的实现，以往经验表明，凡是纳入地方政府绩效考核的事项，都会在行政推动下实现明显改观。因此，将食品安全工作纳入领导干部政绩考核体系，对发生重大食品安全事件的官员实行“一票否决”，是改变一些领导不力、工作不实、作风浮夸甚至严重失职渎职等问题的创新之举，是加强对食品安全生产的领导和监管以确保食品安全的有力措施。通过发挥政绩考核的导向功能与激励约束机制，可以促进各级地方政府切实将食品安全工作的外在压力转变为增强监管的内在动力，真正促使食品安全责任从上级部门传导到下级食品安全供应链的各个环节，形成坚实的责任链条，从源头和过程上保证监管责任的落实，也可以促进地方政府树立发展经济与保障食品安全都是政绩的思想，在转变发展方式过程中，巩固食品安全的产业基础。

三是建立食品安全损害补偿机制。一方面为了维护消费者的合法权益，另一方面形成对违法食品企业的惩罚，必须建立食品安全损害赔偿机制。目前我国既没有成文的食品安全损害赔偿制度，也没有具体的赔偿标准。制定既能有效维护消费者利益又能对违法企业进行惩戒的补偿制度已是当务之急。在客观评估消费者补偿意愿的基础上，从明确补偿主体、补偿对象、补偿方式和补偿标准等方面进行补偿制度的设计和完善。制定的补偿机制，必须充分考虑消费者的机会成本、支付意愿和客观损失，利用补偿机制，提高食品企业的违法成本。

四是建立食品安全信息披露机制。当前，我国相当部分食品质量安全问题是由于违法企业失信造成的。解决违法失信的关键在于使食品信息充分披露和在市场中有效传递，从而促使企业调节其利益偏好，将食品质量安全追求与企业自身利益有机统一起来。建议政府建立全国统一的企业质量安全信用信息平台，动态采集和更新食品企业及其产品的质量安全信息，并及时公开和接受消费者的查询、投诉和反馈（车文辉，2011），从而实现食品安全信息的有效流动，减少信息不对称带来的道德风险；要完善食品企业的质量安全信用评价体系，合理划分食品企业的信用等级，将其信用等级通报工商、质检、税务和银行等部门，实现不同部门之间食品质量安全信息的联动，增大企业的失信成本，从而实现食品企业质量安全内在监管的责任。

五是建立和完善食品企业的信用档案。建立食品安全的信用档案，有利于强化食品生产经营者的责任意识，减少违法企业的失信行为，促进食品行业的稳定和发展，有效保护消费者的合法权益，重塑其食品安全消费信心。完善信

用档案，一要完善信用档案的建设内容，划分信用等级；二要实施重点监管，对大型食品企业和行业集中度高的企业实行重点监管，明确责任，一旦存在信用风险立即处理；三要提高信用档案的共享性和公信力（文晓巍和温思美，2012），使信用档案可以在监管部门和利益相关方之间共享，并且提高信用档案的公信力和权威性。

六是对研究者而言，研究食品安全支付意愿和补偿意愿时需根据研究需要设计问卷，避免样本选择偏误问题。封闭式问卷和开放式问卷在研究支付意愿和补偿意愿时各有利弊，根据研究对象的不同应设计出相应的问卷类型，实现对消费者支付意愿和补偿意愿的准确测算和合理解释。

第三节　前景展望

本书利用对北京市消费大豆油的调查数据实证分析了其支付意愿、补偿意愿及二者差距的动力机制。在研究中还存在以下不足：

一是选取的研究对象为居民日常消费的大豆油，由于大豆油的替代性较强，从而导致消费者在进行支付意愿表达时容易与相关产品进行比较，受到替代品参照物的影响，从而在一定程度上限制了支付意愿的真实投标值。

二是对支付意愿和补偿意愿的研究重点关注了经济变量和心理变量对消费者行为决策的影响，缺少对外生因素影响消费者支付意愿和补偿意愿机制的探讨。同时，由于消费者的心理因素容易发生变动，从而导致支付意愿和补偿意愿的投标值不稳定。

三是没有考虑是否因测量模型的不同导致分析结果的变化，比如选用托宾模型与赫克曼备择模型测算结果进行对比。同时，由于样本量偏少，并缺少对照组，可能导致分析结果的适用范围有限。

四是在对支付意愿和补偿意愿差距机制的研究中，采用的是理论值进行的截尾回归，没有进一步分析消费者对价格的敏感度和替代性的大小，这方面有待进一步分析和研究。

如何弥补上述不足，是未来进一步研究的努力方向。同时，在对消费者补偿意愿和支付意愿差距的研究方面，扩大样本量，合理设计调查问卷，增大调查范围，并对不同特征的消费者进行比较，并且优化变量的设置，以科学解释补偿意愿和支付意愿差距的发生机制。

参考文献

[1] Akerlof, G. The Market for "Lemons": Qualitative Uncertainty and the Market Mechanism [J]. Quarterly Journal of Economics, 1970, 84 (3): 488 –500.

[2] Alphonce, R. , Alfnes, F. and Sharma, A. Voting or Buying: Inconsistency in Preferences toward Food Safety in Restaurants [C]. Selected Paper Prepared for Presentation at the Agricultural & Applied Economics Association's 2013 AAEA & CAES Joint Annual Meeting, Washington, DC, and August 4 –6, 2013.

[3] Anders, Biel, Stenman, J. and Nilsson , A. The Willingness to pay – Willingness to Accept Gap Revisited: The Role of Emotions and Moral Satisfaction [J]. Journal of Economic Psychology, 2011, 32 (6): 908 –917.

[4] Anderson, J. , Vadnjal, D. and Hans – Erik Uhlin. Moral Dimensions of the WTA – WTP Disparity: An Experimental Examination [J]. Ecological Economics, 2000 (32): 153 –162.

[5] Angulo, A. M. , Gil, J. M. and Tamburo, L. Food Safety and Consumers' Willingness to Pay for Labelled Beef in Spain [J]. Journal of Food Products Marketing, 2005, 11 (3): 89 –105.

[6] Angulo, A. M. and Gil, J. M. Risk Perception and Consumers' Willingness to Pay for Certified Beef in Spain [J]. Food Quality and Preference, 2007, 18 (8): 1106 –1117.

[7] Animashaun, J. O. , Williams, F. E. and Toye, A. Preliminary Survey on Consumption of Moringa Products for Nutraceutical Benefits in Ilorin, Kwara State,

Nigeria [J]. Africa Journal on Line, 2013, 13 (1): 165 – 175.

[8] Arrow, K. J. Essays in the Theory of Risk Bearing, Chicago [M]. Markham Publishing Company, 1971.

[9] Arrow, K. J. Uncertainty and the Welfare Economics of Medical Care [J]. The American Economic Review, 1963, 53 (5): 941 – 973.

[10] Bai, Junfei., Wahl, T. I. and McCluskey. Fluid Milk Consumption in Urban Qingdao, China [J]. The Australia Journal of Agricultural and Resource Economics, 2008, 52: 133 – 147.

[11] Bai, Junfei., Zhang, C. and Jiang, J. The Role of Certificate Issuer on Consumers' Willingness – to – pay for Milk Traceability in China [J]. Agricultural Economics, 2013, 44 (4): 537 – 544.

[12] Basili, M., Matteo, Massimo Di. and Ferrini, S. Analysing Demand for Environmental Quality: A Willingness to Pay/Accept Study in the Province of Siena (Italy) [J]. Waste Management, 2006, 26 (3): 209 – 219.

[13] Bernard, van den Berg, Han. B, and Eeckhoudt, L. The Economic Value of Informal Care: A Study of Informal Caregivers' and patients' Willingness to Pay and Willingness to Accept for Informal Care [J]. Health Economics, 2005, 14 (4): 363 – 376.

[14] Boccaletti, S. and Nardella, M. Consumer Willingness to Pay for Pesticide – free Fresh Fruit and Vegetables in Italy [J]. The International Food and Agribusiness Management Review, 2000, 3 (3): 297 – 310.

[15] Boyce, R. R., Brown, T. C., McClelland, G. H., Peterson, . G. L. and Schulze, W. D. An Experimental Examination of Intrinsic Values as a Source of the WTA – WTP Disparity [J]. The American Economic Review, 1992, 82 (5): 1366 – 1373.

[16] Brady, J. T. and Brady, P. L. Consumers and Genetically Modified Foods [J]. Journal of Family and Consumer Sciences, 2003, 95 (5): 251 – 277.

[17] Bredahl, L. Determinants of Consumer Attitudes and Purchase Intentions With Regard to Genetically Modified Food – Results of a Cross – National Survey

[J]. Journal of Consumer Policy, 2001, 1 (24): 23 -61.

[18] Brookshire, D. S. and Coursey , D. L. Measuring the Value of a Public Good: An Empirical Comparison of Elicitation Procedures [J]. American Economic Review, 1987, 77 (4): 554 -566.

[19] Brown, T. C. Loss Aversion without the Endowment Effect and other Explanations for the WTA - WTP Disparity [J]. Journal of Economic Behavior and Organization. 2005, 57 (3): 367 -379.

[20] Buzby, J. C. and Frenzen. Food Safety and Product Liability [J]. Food Policy, 1999, 24 (6): 637 -651.

[21] Carmon, Z. and Ariely, D. Focusing on the Foregone: How Value Can Appear so Different to Buyers and Sellers [J]. Journal of Consumer Research, 2000, 27 (3): 360 -370.

[22] Carson, R. T. Contingent Valuation: A Practical Alternative when Prices Aren't Available [J]. The Journal of Economic Perspectives, 2012, 26 (4): 27 -42.

[23] Carsten, E. , Klos, A. and Langer, T. Can Prospect Theory be Used to Predict an Investor's Willingness to Pay? [J]. Journal of Banking & Finance, 2013, 37 (6): 1960 -1973.

[24] Cerroni, S. , Notaro, S. and Shaw, W. D. How Many Bad Apples are in a Bunch? An Experimental Investigation of Perceived Pesticide Residue Risks [J]. Food Policy, 2013 (41): 112 -123.

[25] Charles R. Plott. and Zeiler, K. The Willingness to Pay - Willingness to Accept Gap, the "Endowment Effect", Subject Misconceptions, and Experimental Procedures for Eliciting Valuations [J]. The American Economic Review, 2005, 95 (3): 530 -545.

[26] Chen, M. F. Consumer Attitudes and Purchase Intentions in Relation to Organic Foods in Taiwan: Moderating Effects of Food - related Personality Traits [J]. Food Quality and Preference, 2007, 18 (4): 1008 -1021.

[27] Cheng, YanYue. , Hurley, T. M. and Anderson, N. Do Native and Inva-

sive Labels Affect Consumer Willingness to Pay for Plants? Evidence from Experimental Auctions [J]. Agricultural Economics, 2011, 42 (2): 195 -205.

[28] Chern, W. S. Rickertsen, K. , Tsuboi, N and Fu, T. T. Consumer Acceptance and Willingness to Pay for Genetically Modified Vegetable Oil and Salmon: A Multiple - country Assessment [J]. AgriBioForum, 2002, 5 (3): 105 -112.

[29] Chien, L. H. and Zhang, Y. C. Food Traceability System - An Application of Pricing on the Integrated Information [D]. The 5th International Conference of the Japan Economic Policy Association, Tokyo, Japan, December 2 -3, 2006.

[30] Coursey, D. L. , Hovis, J. L . and Schulze, W. D. The Disparity between Willingness to Accept and Willingness to Pay Measures of Value [J]. The Quarterly Journal of Economics, 1987, 102 (3): 679 -690.

[31] Dannenberg, A. , Scatasta, S. and Sturm B. , Mandatory Versus Voluntary Labelling of Genetically Modified Food: Evidence from an Economic Experiment [J]. Agricultural Economics, 2011, 42 (3): 373 -386.

[32] Darby, M. and Karni, E. Free Competition and the Optimal Amount of Fraud [J]. Journal of Law and Economics, 1973, 16 (1): 67 - 88.

[33] David L. Ortega, Wang H. Holly, Wu Laping and Nicole J. Olynk. Modeling Heterogeneity in Consumer Preferences for Select Food Safety Attributes in China [J]. Food Policy, 2011, 36 (2): 318 -324.

[34] Dickinson, D. L . and Bailey, D. V. Willingness - to - pay for Information: Experimental Evidence on Product Traceability from the USA, Canada, the UK and Japan [R] . Working Papers from Utah State University, Department of Economics, 2003.

[35] Edoh, Y. Amiran and Daniel A. Hagen. The Scope Trials: Variation in Sensitivity to Scope and WTP with Directionally Bounded Utility Functions [J]. Journal of Environmental Economics and Management, 2010, 59 (3): 293 -301.

[36] Elabed, G. and Carter, M. R. Basis Risk and Compound - Risk Aversion: Evidence from a WTP Experiment in Mali [C]. Selected Paper Prepared for Presentation at the Agricultural & Applied Economics Association's 2013 AAEA &

CAES Joint Annual Meeting, Washington, DC, 2013.

[37] Elbakidze, L., Nayga Jr, R. M., Hao, Li and McIntosh, C. Value Elicitation for Multiple Quantities of a Quasi - public Good Using Open Ended Choice Experiments and Uniform Price Auctions [J]. Agricultural Economics, 2013, (1): 1 - 13.

[38] Enneking, U. Willingness - to - pay for Safety Improvements in the German Meat Sector: The Case of the Q & S Label [J]. European Review of Agricultural Economics, 2004, 31 (2): 205 - 223.

[39] FAO: Food and Agricultural Organization of the United Nations, State of Food and Agriculture 2003 - 2004. Chapter 2 and 3, 2004, http: //www. fao. org/documents.

[40] Fishbein, M. and Ajzen, I. Belief, Attitude, Intention and Behavior: An Introduction to Theory and Research [M]. MA: Addison - Wesley Publishing, 1975.

[41] Fox, J. A., Shogren, J. E and Hayes, D. J. Experimental Auctions to Measure Willingness to Pay for Food Safety and Nutrition Boulder [M] . West View Press, 1995.

[42] Gao, Zhifeng and Ted, C. Schroeder, Effects of Label Information on Consumer Willingness - to - Pay for Food Attributes [J]. American Journal of Agricultural Economics, 91 (3): 795 - 809.

[43] Ghasemi, S., Karami, E. and Azadi, H. Knowledge, Attitudes and Behavioral Intentions of Agricultural Professionals toward Genetically Modified (GM) Foods: A Case Study in Southwest Iran [J]. Science and Engineering Ethics, 2013 (19) 1201 - 1227.

[44] Gonzalez, R. and Wu, G., Curvature of the Probability Weighting Function [J]. Management Science, 1996, 42 (12): 1676 - 1690.

[45] Guria, J., Leung, J., Michael Jones - Lee and Loomes, G. The Willingness to Accept Value of Statistical Life Relative to the Willingness to Pay Value: Evidence and Policy Implications [J]. Environmental & Resource Economics, 2005, 32 (1): 113 - 127.

[46] Hallman, W. K., Hebden, W. C., Cuite, C. L., Aquino, H. L and Lang, J. T. Americans and GM Food Knowledge, Opinion & Interest in 2004 [R]. Food Policy Institute Cook College Rutgers the State University of New Jersey.

[47] Han, J. H. The Effects of Perceptions on Consumer Acceptance of Genetically Modified (GM) Foods, Louisiana [D]. The Louisiana State University, 2006.

[48] Hanemann, M. W. Welfare Evaluation in Contingent Valuation Experiments with Discrete Responsed [J]. American Journal of Agricultural Economics, 1984, 66 (3): 332-341.

[49] Hanemann, W. M. Willingness to Pay and Willingness to Accept: How Much Can They Differ? [J]. American Economic Review, 1991 (81): 635-647.

[50] Hanemann, M., Loomis, J and Kanninen, B. Statistical Efficiency of Double-bounded Dichotomous Choice Contingent Valuation [J]. American Journal of Agricultural Economics, 1991 (73): 1255-1263.

[51] Hans, V. T. and Renes, R. J. Consumer Confidence in the Safety of Food and Newspaper Coverage of Food Safety Issues: A Longitudinal Perspective [J]. Risk Analysis, 2009, 30 (1): 125-142.

[52] Hartl, J. and Herrmann, R. Do They always Say no? German Consumers and Second-generation GM Foods [J]. Agricultural Economics, 2009, 40 (5): 551-560.

[53] Havet, N., Morelle, M., Penot, A and Remonnay, R. The Information Content of the WTP-WTA Gap: An Empirical Analysis among Severely Ill Patients [R]. Working Paper, 2012.

[54] Heckman, J., Sample Selection Bias as a Specification Error [J]. Econometrica, 1979, 47 (1): 153-161.

[55] Hennessy, D. A., Roosen, J. and Jensen, H. H., Systemic Failure in the Provision of Safe Food [J]. Food Policy, 2003, 28 (1): 77-96.

[56] Horowitz, J. K. and McConnell, A. Willingness to Accept, Willingness to Pay and the Income Effect [J]. Journal of Economic Behavior & Organization, 2003, 51 (4): 537-545.

[57] Horowitz, J. K. , Kenneth, E. and McConnell, K. E. A Review of WTA/WTP Studies [J]. Journal of Environmental Economics and Management, 2002, 44 (3): 426 -447.

[58] Horowitz, J. K. and McConnell, K. E. A Review of WTA/WTP Studies [J]. Journal of Environmental Economics and Management, 2002 (44): 426 -447.

[59] Hu, Wuyang. Comparing Consumers' Preferences and Willingness to Pay for Non - GM oil Using a Contingent Valuation Approach [J]. Empirical Economics, 2006 (31): 143 -150.

[60] Icek Ajzen. The Theory of Planned Behavior [J]. Organizational Behavior and Human Decision Processes, 1991, 50 (2): 179 -211.

[61] Illichmann, R. and Abdulai, A. Analysis of Consumer Preferences and Willingness - to - Pay for Organic Food Products in Germany [C]. Selected Paper Prepared for Presentation at the Agricultural & Applied Economics Association's 2013 AAEA & CAES Joint Annual Meeting, Washington, DC, 2013.

[62] Israel, A. , Mjelde, J. W. Dudensing, R. M. , Cherrington, L. Jin, Yanhong H. and Chen, Junyi. The Value of Transportation for Improving the Quality of Life of the Rural Elderly [C]. Annual Meeting, Birmingham, Alabama, 2012.

[63] Janneke, P. C. , Grutters, Alfons G. H. Kessels and Dirksen, C. D. Willingness to Accept versus Willingness to Pay in a Discrete Choice Experiment [J]. Value in Health, 2008, 11 (7): 1110 -1119.

[64] Jinhua Zhao. and Catherine, L. K. A New Explanation for the WTP/WTA Disparity [J]. Economics Letters, 2001 (73): 293 -300.

[65] Jonge, J. Trijp, H. and Renes, R. J. , Understanding Consumer Confidence in the Safety of Food: Its Two - Dimensional Structure and Determinants [J]. Risk Analysis, 2007, 27 (3): 729 -740.

[66] Kahneman, D. , Knetsch, J. L and Thaler, R. H. The Endowment Effect, Loss Status quo bias [J]. Journal of Economic Perspectives, 1991, 5 (1): 193 -206.

[67] Kahneman, D. and Tversky, A. Prospect Theory: An Analysis of Decision under Risk [J]. Econometrica, 1979, 47 (2): 263 -292.

[68] Kallas, Z., José A. Gómez - Limón and Arriaza, M. Are Citizens Willing to Pay for Agricultural Multifunctionality? [J]. Agricultural Economics Volume, 2007, 36 (3): 405 -419.

[69] Katare, B., Yue, Chengyan and Hurley T. Consumer Willingness to Pay for Nano - packaged Food Products: Evidence from Experimental Auctions and Visual Processing Data [C]. Selected Paper Prepared for Presentation at the Agricultural & Applied Economics Association's 2013 AAEA & CAES Joint Annual Meeting, Washington, DC, 2013.

[70] Loomis J. B. and Mueller, J. M. A Spatial Probit Modeling Approach to Account for Spatial Spillover Effects in Dichotomous Choice Contingent Valuation Surveys [J]. Journal of Agricultural and Applied Economics, 2013, 45 (1): 53 -63.

[71] Loureiro, M. L., Gracia, A. and Nayga Jr, R. M. Do Consumers Value Nutritional Labels? [J]. European Review of Agricultural Economics, 2006, 33 (2): 249 -268.

[72] Lu, Yiqing, Cranfield, J. and Widowski, T. Consumer Preference for Eggs from Enhanced Animal Welfare Production System: A Stated Choice Analysis [C]. Selected Paper Prepared for Presentation at the Agricultural & Applied Economics Associations 2013 AAEA & CAES Joint Annual Meeting, Washington, DC, 2013.

[73] LV Lan. Chinese Public Understanding of the Use of Agricultural Biotechnology - A Case Study from Zhejiang Province of China [J]. Journal of Zhejiang University SCIENCE, 2006, 7 (4): 257 -266.

[74] Macer, D. and Mary Ann Chen Ng. Changing Attitudes to Biotechnology in Japan [J]. Nature America, 2000 (18): 945 -947.

[75] McCluskey, J. J., Grimsrud, K. M. and Wahl, T. I. Comparison of Consumer Responses to Genetically Modified Foods in Asia, North America, and Europe [J]. Regulating Agricultural Biotechnology: Economics and Policy Natural Resource

Management and Policy, 2006 (3): 227 -240.

[76] McIntosh, C. , Sarris, A and Papadopoulosm, F. Productivity, Credit, Risk, and the Demand for Weather Index Insurance in Smallholder Agriculture in Ethiopia [J]. Agricultural Economics, 2013, 44 (4): 399 -417.

[77] Menapace, L. and Raffaelli, R. Do "Locally Grown" Claims Influence Artisanal Food Purchase? Evidence from a Natural Field Experiment [C]. Selected Paper Prepared for Presentation at the Agricultural & Applied Economics Association's 2013 AAEA & CAES Joint Annual Meeting, Washington, DC, 2013.

[78] Meuwissen, M. P. M. , van der Lans, I. A. and Huirne, R. B. M. Consumer Preferences for Pork Supply Chain Attributes, NJAS - Wageningen [J]. Journal of Life Sciences, 1996, 54 (3): 293 -312.

[79] Mitchell, R. C. and Carson, R. T. Using Surveys to Value Public Goods: The Contingent Valuation Method [M]. Resources for Future, Washington, DC. 1989: 85 - 102.

[80] Nelson, P. Information and Consumer Behavior [J]. Journal of Political Economy, 1970, 78 (2): 311 - 329.

[81] Noussair, C. , Robin, S. and Ruffieux, B. Do Consumer not Care about Biotech Foods or do They just not Read the Labels? [J]. Elsevier Science, 2002 (75): 47 -53.

[82] Petrolia, D. R. , Interis, M. G. and Hwang, J. America's Wetland? A National Survey of Willingness to Pay for Restoration of Louisiana's Coastal Wetlands [C]. For Presentation as a Selected Paper at the Southern Agricultural Economics Association, 2012.

[83] Pierre, G, S. Wen, Chern and David H. A Continuum of Consumer Attitudes Toward Genetically Modified Food in the United States [J]. Journal of Agricultural and Resource Economics, 2006, 31 (1): 129 - 149.

[84] Plott, C. R. and Zeiler, K. Asymmetries in Exchange Behavior Incorrectly Interpreted as Evidence of Prospect Theory? [J]. American Economic Review, 2007 (97): 1449 - 1466.

[85] Plott, C. R. and Zeiler, K. The Willingness to Pay – Willingness to Accept Gap, the "Endowment Effect", Subject Misconceptions and Experimental Procedures for Eliciting Valuations [J]. American Economic Review, 2005 (95): 530 – 545.

[86] Poudel, D. and Johnsen, F. H. Valuation of Crop Genetic Resources in Kaski, Nepal: Farmers' Willingness to Pay for Rice Landraces Conservation [J]. Journal of Environmental Management, 2009, 90 (1): 483 – 491.

[87] Randall, A. and Stoll, J. R. Consumer's Surplus in Commodity Space [J]. American Economic Review, 1980 (70): 449 – 457.

[88] Ristson, C. and Li Weimai. The Economics of Food Safety [J]. Nutrition & Food Science, 1998, 98 (5): 253 – 259.

[89] Savage, Leonard J. Une Axiomatisation de Comportement Raisonnable Face all Incertitude [C] . in "Colloques Internationaux du Centre Natlonal de la Recherche Scien – tique (Econometrie) 40", 1953: 29 – 33.

[90] Schmidt, U. , Starmer, C. and Sugden, R. Third – generation Prospect Theory [J]. Journal of Risk and Uncertainty, 2008, 36 (3): 203 – 223.

[91] Schmidt, U. and Zank, H. What is Loss Aversion? [J]. Journal of Risk and Uncertainty, 2005, 30 (2): 157 – 167.

[92] Shi, Lijia, Chen, Xuqi and Gao, Zhifeng. The Cross – Price Effect on Willingness – to – pay Estimates in Open – ended Contingent Valuation [C]. Selected Paper Prepared for Presentation at the Agricultural & Applied Economics Associations 2013 AAEA & CAES Joint Annual Meeting, Washington, DC, 2013.

[93] Shin, S. Y. , Hayes, D. J. and Shogren, J. F. Consumer Willingness to Pay For Safer Food Products [J]. Journal of Food Safety, 1992 (13): 51 – 59.

[94] Shogren, J. F. , Shin, S. Y. , Hayes, D. J. and Kliebenstein, J. B. Resolving Difference in Willingness to Pay and Willingness to Accept [J]. American Economic Review, 1994, 84 (1): 255 – 270.

[95] Simonson, I. , Drolet, A. Anchoring Effects on Consumers' Willingness to Pay and Willingness to Accept [J]. Journal of Consumer Research, 2004 (13):

681 -690.

[96] Simonson, I. and Drolet, A. Anchoring Effects on Consumers' Willingness to - Pay and Willingness - to - Accept [J]. Journal of Consumer Research, 2004, 31 (3): 681 -690.

[97] Swinbank, A. The Economic of Food Safety [J]. Food Policy, 1993, 18 (2): 83 -94.

[98] Thaler, R. H. Toward a Positive Theory of Consumer Choice [J]. Journal of Economic Behavior and Organization, 1980, 1 (1): 39 -60.

[99] Tversky, A. and Kahneman, D. Advances in Prospect Theory: Cumulative Representation of Uncertainty [J]. Journal of Risk and Uncertainty, 1992, 5 (4): 297 -323.

[100] Tversky, A. and Kahneman, D. Loss Aversion in Riskless Choice: A Reference Dependent Model [J]. Quarterly Journal of Economics, 1991 (106): 1039 -1061.

[101] Umberger, W. J., Dillion, M., Chris, Feuz. R. and Calkins, K. M. U. S. Consumer Preference and Willingness to Pay For Domestic Corn - Fed Beef Versus International Grass - fed Beef Measured through an Experimental Auction [J]. Agribusiness, 2002, 18 (4): 491 -504.

[102] Van Rijswijk, W., Frewer, L. J., Menozzi, D. and Faioli, G. Consumer Perceptions of Traceability: A Cross - national Comparison of the Associated Benefits [J]. Food Quality and Preference, 2008, 19 (1): 452 -464.

[103] Veisten, K. Contingent Valuation Controversies: Philosophic Debates about Economic Theory [J]. Journal of Socio - Economics, 2007, 36 (2): 204 -232.

[104] Venkatachalam, L. The Contingent Valuation Method: A Review [J]. Environmental Impact Assessment Review, 2004, 24 (1): 892 -124.

[105] Vestal, M. K., Lusk, J. L., DeVuyst, E. A. and Kropp, J. R. The Value of Genetic Information to Livestock Buyers: A Combined Revealed, Stated Preference Approach [J]. Agricultural Economics, 2013, 44 (3): 337 -347.

[106] Von Neumann, J. and Morgenstern, O. Theory of Games and Economic Behavior [M]. Princeton University Press, 1944.

[107] Wattage, P. A Targeted Literature Review: Contingent Valuation Method, Centre for the Economics and Management of Aquatic Resources Research Paper [M]. Portsmouth: University of Portsmouth, 2001.

[108] Weber, T. A. An Exact Relation between Willingness to Pay and Willingness to Accept [J]. Economics Letters, 2003, 80 (3): 311 -315.

[109] Willig, R. Consumer's Surplus without Apology [J]. American Economic Review, 1976, 66 (4): 589.

[110] Xie Jing, Zhifeng Gao and Lisa House. Purchase Intention Effects in Experimental Auctions and Real Choice Experiments: A Case with both Novel and Non - novel Goods [C]. Selected Paper Prepared for Presentation at the Agricultural & Applied Economics Association's 2013 AAEA & CAES Joint Annual Meeting, 2013.

[111] Xu, Dawei, Rong Jinfang, Yanng, Na and Zhang, Wen. Measure of Watershed Ecological Compensation Standard Based on WTP and WTA [J]. Asian Agricultural Research, 2013, 5 (7): 12 -16, 21.

[112] Yang, Shang - Ho and Woods, T. A. Farm Market Patron Behavioral Response to Food Sampling [C]. Selected Paper Prepared for Presentation at the Southern Agricultural Economics Association Annual Meeting, 2013.

[113] Zaikin, A. A. and McCluskey, J. J. Consumer Preferences for New Technology: Apples Enriched with Antioxidant Coatings in Uzbekistan [J]. Agricultural Economics, 2013 (44): 513 -521.

[114] 白军飞. 中国城市消费者对转基因食品的接受程度和购买意愿的研究[D]. 北京：中国农业科学院，2003.

[115] 边慎，蔡志杰. 期望效用理论与前景理论的一致性[J]. 经济学(季刊)，2005 (1)：265 -275.

[116] 卜凡，朱淀，吴林海. 不同质量安全信息的可追溯猪肉支付意愿研究——以山东潍坊消费者的调查为例[J]. 安徽农业科学，2012 (17)：9475 - 9477.

［117］车文辉．关于重构我国产品质量安全保障网的思考和建议［J］．行政管理改革，2011（12）：56－58．

［118］陈超，任大廷．基于前景理论视角的农民土地流转行为决策分析［J］．中国农业资源与区划，2011（2）：18－21．

［119］陈国进，林辉，王磊．公司治理、声誉机制和上市公司违法违规行为分析［J］．南开管理评论，2005（6）：35－40．

［120］陈强．高级计量经济学及STATA应用［M］．北京：高等教育出版社，2010．

［121］陈艳华，林依标，黄贤金．被征地农户意愿受偿价格影响因素及其差异性的实证分析——基于福建省16个县1436户入户调查数据［J］．中国农村经济，2011（4）：26－37．

［122］陈志刚，黄贤金，卢艳霞，周建春．农户耕地保护补偿意愿及其影响机理研究［J］．中国土地科学，2009（6）：20－25．

［123］陈志颖．无公害农产品购买意愿及购买行为的影响因素分析——以北京地区为例［J］．农业技术经济，2006（1）：68－75．

［124］崔颖．基于前景理论的投资组合模型研究［D］．中国人民大学硕士学位论文，2011．

［125］代文彬，慕静．面向食品安全的食品供应链透明研究［J］．贵州社会科学，2013（4）：155－159．

［126］戴晓霞．发达地区农村居民生活垃圾管理支付意愿研究——以浙江省瑞安市塘下镇为例［D］．浙江大学硕士学位论文，2009．

［127］戴迎春，朱彬，应瑞瑶．消费者对食品安全的选择意愿——以南京市有机蔬菜消费行为为例［J］．南京农业大学学报（社会科学版），2006（1）：47－52．

［128］党健，李文鸿，周凤航．基于条件价值法的生命价值评估：支付意愿与受偿意愿比较研究［J］．河南工业大学学报（社会科学版），2012（3）：50－55．

［129］狄琳娜．食品安全违法行为的经济学分析与制度建议——基于违法成本视角［J］．经济问题探索，2012（12）：36－40．

［130］董玲，王鹏．农户对能繁母猪保险支付意愿的实证分析——以四川省为例的实证分析[J]. 农村经济，2010（7）：104－107.

［131］杜姗姗．消费者对乳品质量安全的支付意愿研究[D]. 内蒙古农业大学硕士学位论文，2010.

［132］段文婷，江光荣．计划行为理论述评[J]. 心理科学进展，2008（2）：315－320.

［133］费威，夏春玉．以龙头企业为核心的食品供应链安全问题研究——以“速成鸡”事件为例[J]. 价格理论与实践，2013（1）：48－49.

［134］高汉琦，牛海鹏，方国友，梅泽勇．基于CVM多情景下的耕地生态效益农户支付/受偿意愿分析——以河南省焦作市为例[J]. 资源科学，2011（11）：2116－2123.

［135］葛颜祥，梁丽娟，王蓓蓓，吴菲菲．黄河流域居民生态补偿意愿及支付水平分析——以山东省为例[J]. 中国农村经济，2009（10）：77－85.

［136］龚强，陈丰．供应链可追溯性对食品安全和上下游企业利润的影响[J]. 南开经济研究，2012（6）：30－48.

［137］官青青．食品安全的经济学分析——基于各主体行为之间的博弈分析[J]. 生产力研究，2013（1）：24－27.

［138］郭桂霞，董保民．支付意愿与公共物品供给的模仿行为——吉林省污水处理项目的居民支付意愿实证研究[J]. 辽宁大学学报（哲学社会科学版），2011（3）：90－96.

［139］何可，张俊飚，田云．农业废弃物资源化生态补偿支付意愿的影响因素及其差异性分析——基于湖北省农户调查的实证研究[J]. 资源科学，2013（3）：627－637.

［140］洪巍，吴林海．城乡居民对食品安全状况的评价及其对食品安全风险治理的启示[J]. 食品工业科技，2013（3）：1－8.

［141］侯守礼，王威，顾海英．消费者对转基因食品的意愿支付：来自上海的经验证据[J]. 农业技术经济，2004（4）：2－9.

［142］黄季焜，仇焕广，白军飞，Carl Pray. 中国城市消费者对转基因食品的认知程度、接受程度和购买意愿[J]. 中国软科学，2006（2）：61－67.

[143] 黄丽君，赵翠薇．基于支付意愿和受偿意愿比较分析的贵阳市森林资源非市场价值评价[J]. 生态学杂志，2011（1）：327－334.

[144] 蒋凌琳，李宇阳．消费者对食品安全信任问题的研究综述[J]. 中国卫生政策研究，2011（12）：50－54.

[145] 焦扬，敖长林．CVM 方法在生态环境价值评估应用中的研究进展[J]. 东北农业大学学报，2008（5）：131－136.

[146] 靳乐山，郭建卿，城乡居民环境保护支付意愿对比研究——以云南纳板河流域为例[J]. 云南师范大学学报（哲学社会科学版），2010（4）：53－58.

[147] 孔祥智，顾洪明，韩纪江．我国失地农民状况及受偿意愿调查报告[J]. 经济理论与经济管理，2006（7）：57－62.

[148] 李斐斐．支付意愿和受偿意愿：健康项目效率与公平的评估[D]. 山东大学硕士学位论文，2011.

[149] 李海鹏．补贴延长期西南少数民族退耕户的受偿意愿分析[J]. 中南民族大学学报（人文社会科学版），2009（2）：128－132.

[150] 李金平，王志石．空气污染损害价值的 WTP、WTA 对比研究[J]. 地球科学进展，2006（3）：250－255.

[151] 李彧挥，林雅敏，孔祥智．基于 Cox 模型的农户对政策性森林保险支付意愿研究[J]. 湖南大学学报（自然科学版），2013（2）：103－108.

[152] 林依标．被征地农民差异性受偿意愿研究——以福建省为例[D]. 福建农林大学博士学位论文，2010.

[153] 刘畅，赵心锐．论我国食品安全的经济性规制[J]. 理论探讨，2012（5）：98－101.

[154] 刘呈庆，孙曰瑶，龙文军，白杨．竞争、管理与规制：乳制品企业三聚氰胺污染影响因素的实证分析[J]. 管理世界，2009（12）：67－78.

[155] 刘海凤，郭秀锐，毛显强，金建君．应用 CVM 方法估算城市居民对低碳电力的支付意愿[J]. 中国人口资源与环境，2011（12）：313－316.

[156] 刘军弟，霍学喜，黄玉祥，韩文霆．基于农户受偿意愿的节水灌溉补贴标准研究[J]. 农业技术经济，2012（11）：29－40.

[157] 刘军弟，王凯，韩纪琴．消费者对食品安全的支付意愿及其影响

因素研究[J]. 江海学刊，2009（3）：83－89.

［158］刘明，刘新旺．前景理论下的损失规避研究综述[J]. 价值工程，2008（10）：143－146.

［159］刘雪林，甄霖．社区对生态系统服务的消费和受偿意愿研究——以泾河流域为例[J]. 资源科学，2007（4）：103－108.

［160］刘亚萍，李罡，陈训，金建湘，周武生，杨永德．运用 WTP 值与 WTA 值对游憩资源非使用价值的货币估价——以黄果树风景区为例进行实证分析[J]. 资源科学，2008（3）：431－439.

［161］卢英杰．大型企业食品安全问题的理论与现实矛盾及其解决之道[J]. 特区经济，2012（12）：122－123.

［162］陆杉．农产品供应链成员信任机制的建立与完善——基于博弈理论的分析[J]. 管理世界，2012（7）：172－173.

［163］罗丞．消费者对安全食品支付意愿的影响因素分析——基于计划行为理论框架[J]. 中国农村观察，2010（6）：22－34.

［164］罗连发．我国存在城乡产品质量二元性吗？——基于我国宏观质量观测数据的实证分析[J]. 宏观质量研究，2013（1）：107－117.

［165］罗文春，李世平．失地农民受偿意愿及其影响因素——基于陕西省关中地区 437 户农户的调查数据[J]. 北京理工大学学报（社会科学版），2012（10）：50－57.

［166］毛文娟．环境安全与食品安全风险的利益框架和社会机制分析[J]. 经济问题探索，2013（2）：10－15.

［167］欧阳海燕．中国人安全感大调查[J]. 小康，2010（7）：54－57.

［168］彭晓佳．江苏省城市消费者对食品安全支付意愿的实证研究——以低残留青菜为例[D]. 南京农业大学硕士学位论文，2006.

［169］彭志刚，胡贤辉，曹秋平，郑贱成，陈兰康．农户耕地保护受偿意愿影响因素分析[J]. 粮食科技与经济，2012（1）：9－10，21.

［170］平新乔，郝朝艳．假冒伪劣与市场结构[J]. 经济学（季刊），2002（2）：354－376.

［171］秦庆，舒田，李好好．武汉市居民食品安全心理调查[J]. 统计观

察，2006（8）：65－66.

［172］邱彩红．消费者对转基因稻米的支付意愿研究——基于实验拍卖方法[D]. 华中农业大学硕士学位论文，2008.

［173］屈小娥，李国平．陕北煤炭资源开发中的环境价值损失评估研究——基于CVM的问卷调查与分析[J]. 干旱区资源与环境，2012（4）：73－80.

［174］人民网．调查称中国人最担忧地震风险与食品安全［EB/OL］. http：//society. people. com. cn/GB/12986340. html，2010.

［175］沈宏亮．中国食品安全的治理失灵及其改进路径——基于交易成本经济学的视角[J]. 现代经济探讨，2012（2）：17－21.

［176］唐学玉，张海鹏，李世平．农业面源污染防控的经济价值——基于安全农产品生产户视角的支付意愿分析[J]. 中国农村经济，2012（3）：53－67.

［177］田苗，严立冬，邓远建，袁浩，绿色农业生态补偿居民支付意愿影响因素研究——以湖北省武汉市为例[J]. 南方农业学报，2012（11）：1789－1792.

［178］童晓丽．安全农产品购买意愿和购买行为的影响因素研究——基于浙江省温州市城镇居民的实证分析[D]. 浙江大学硕士学位论文，2006.

［179］王彩霞．地方政府扰动下的食品安全规制问题研究[D]. 东北财经大学博士学位论文，2011.

［180］王常伟，顾海英．食品安全：挑战、诉求与规制[J]. 贵州社会科学，2013（4）：148－154.

［181］王锋，张小栓，穆维松，傅泽田．消费者对可追溯农产品的认知和支付意愿分析[J]. 中国农村经济，2009（3）：68－74.

［182］王恒彦，卫龙宝．城市消费者安全食品认知及其对安全果蔬消费偏好和敏感性分析——基于杭州市消费者的调查[J]. 浙江社会科学，2006（6）：40－47.

［183］王怀明，尼楚君，徐锐钊．消费者对食品质量安全标识支付意愿实证研究——以南京市猪肉消费为例[J]. 南京农业大学学报（社会科学版），2011（1）：21－29.

［184］王军，徐晓红，郭庆海．消费者对猪肉质量安全认知、支付意愿及其购买行为的实证分析——以吉林省为例[J]. 吉林农业大学学报，2010

(5)：586－590，596.

［185］王军，钟娟．以食品安全为基准重树惩罚性赔偿制度[J]. 北京社会科学，2012（6）：21－26.

［186］王世表，王芬露，王菁华．食品安全的经济学理论分析[J]. 中国农学通报，2011（11）：82－87.

［187］王艳霞，陈旭东，张素娟，白洁，张义文．冀北地区生态保护受偿意愿及补偿分担研究[J]. 安徽农业科学，2011（19）：11721－11732.

［188］王志刚，李腾飞，韩剑龙．食品安全规制对生产成本的影响——基于全国334家加工企业的实证分析[J]. 农业技术经济，2012（11）：57－68.

［189］王志刚，李腾飞，黄圣男．消费者对食品安全的认知程度及其消费信心恢复研究——以“问题奶粉”事件为例[J]. 消费经济，2013（4）：42－47.

［190］王志刚，毛燕娜．城市消费者对HACCP认证的认知程度、接受程度、支付意愿及其影响因素分析——以北京市海淀区超市购物的消费者为研究对象[J]. 中国农村观察，2006（5）：2－12.

［191］王志刚，翁燕珍，黄小瑜．对禽类食品安全的支付和接受补偿意愿的实证分析——以北京海淀大学区消费者为例[J]. 浙江工商大学学报，2007（5）：85－91.

［192］王志刚，翁燕珍，毛燕娜．城市消费者对HACCP认证标签的支付意愿及其影响因素分析[J]. 中国食品学报，2007（2）：12－17.

［193］王志刚，翁燕珍，杨志刚，郑风田．食品加工企业采纳HACCP体系认证的有效性：来自全国482家食品企业的调研[J]. 中国软科学，2006（9）：69－75.

［194］王志刚．食品安全的认知和消费决定：关于天津市个体消费者的实证分析[J]. 中国农村经济，2003（4）：41－45.

［195］王祖法．前景理论与期望效用理论的比较分析[J]. 商场现代化，2007（15）：85－107.

［196］威廉姆森．资本主义经济制度[M]. 段毅才，王伟译．北京：商务印书馆，2002：71－75.

［197］文首文，魏东平．游客对旅游地教育服务的支付意愿研究[J]. 经

济地理，2012（10）：170－176.

［198］文晓巍，李慧良．消费者对可追溯食品的购买与监督意愿分析——以肉鸡为例[J]. 中国农村经济，2012（5）：41－52.

［199］文晓巍，温思美．食品安全信用档案的构建与完善[J]. 管理世界，2012（7）：174－175.

［200］吴林海，徐玲玲，王晓莉．影响消费者对可追溯食品额外价格支付意愿与支付水平的主要因素——基于 Logistic、Interval Censored 的回归分析[J]. 中国农村经济，2010（4）：77－86.

［201］吴元元．信息基础、声誉机制与执法优化——食品安全治理的新视野[J]. 中国社会科学，2012（6）：115－133.

［202］西爱琴，邹贤奇．农户对农业保险支付意愿及受偿意愿的实证分析——以四川能繁母猪保险为例[J]. 浙江理工大学学报，2012（4）：625－632.

［203］谢钰思，武戈．食品安全研究的文献综述[J]. 消费经济，2012（5）：89－92.

［204］谢耘耕．中国社会舆情与危机管理报告［R］．北京：社会科学文献出版社，2011.

［205］修凤丽．陕西农户奶牛保险支付意愿研究[D]. 西北农林科技大学硕士学位论文，2008.

［206］徐大伟，常亮，侯铁珊，赵云峰．基于 WTP 和 WTA 的流域生态补偿标准测算——以辽河为例[J]. 资源科学，2012（7）：1354－1361.

［207］徐中民，张志强，程国栋．生态经济学理论方法与应用[M]. 郑州：黄河水利出版社，2003：145－195.

［208］许恒周．基于农户受偿意愿的宅基地退出补偿及影响因素分析——以山东省临清市为例[J]. 中国土地科学，2012（10）：75－81.

［209］杨光梅，闵庆文，李文华，刘璐，荣金凤，吴雪宾．基于 CVM 方法分析牧民对禁牧政策的受偿意愿——以锡林郭勒草原为例[J]. 生态环境，2006（4）：747－751.

［210］杨建池，王运吉，钱大庆，黄柯棣．基于前景理论的决策模型研究[J]. 系统仿真学报，2009（9）：2469－2472.

[211] 杨开忠，白墨，李莹，薛领，王学军．关于意愿调查评估法在我国环境领域应用的可行性探讨——以北京市居民支付意愿研究为例[J]. 地球科学进展，2002 (3)：420 - 425.

[212] 杨万江，李剑锋．城镇居民购买安全农产品的选择行为研究[J]. 中国食物与营养，2005 (10)：30 - 33.

[213] 应瑞瑶，徐斌，胡浩．城市居民对低碳农产品支付意愿与动机研究[J]. 中国人口资源与环境，2012 (11)：165 - 171.

[214] 于文金，谢剑，邹欣庆．基于 CVM 的太湖湿地生态功能恢复居民支付能力与支付意愿相关研究[J]. 生态学报，2011 (23)：7271 - 7278.

[215] 于洋，王尔大．多保障水平下农户的农业保险支付意愿——基于辽宁省盘山县水稻保险的实证分析[J]. 中国农村观察，2011 (5)：55 - 68.

[216] 余建斌．消费者对不同认证农产品的支付意愿及其影响因素实证分析——基于广州市消费者的调查[J]. 消费经济，2012 (6)：90 - 94.

[217] 余素贞．转基因食品及其安全性评价[J]. 安徽医科大学学报，2002 (1)：165 - 168.

[218] 曾建敏．实验检验累积前景理论[J]. 暨南大学学报（自然科学版），2007 (1)：44 - 47.

[219] 曾寅初，刘媛媛，于晓华．分层模型在食品安全支付意愿研究中的应用——以北京市消费者对月饼添加剂支付意愿的调查为例[J]. 农业技术经济，2008 (1)：86 - 90.

[220] 张河顺．食品安全：市场博弈与制度重建[J]. 农业经济，2012 (12)：126 - 127.

[221] 张金荣，刘岩，张文霞．公众对食品安全风险的感知与建构——基于三城市公众食品安全风险感知状况调查的分析[J]. 吉林大学社会科学学报，2013 (2)：40 - 49.

[222] 张雷．基于农户视角的耕地生态补偿意愿及额度测算研究——以乐山市井研县为例[D]. 西南大学硕士学位论文，2012.

[223] 张眉．条件价值评估法下三城市公益林补偿支付意愿影响因素比较分析[J]. 生态经济（学术版），2012 (2)：39 - 44.

[224] 张婷婷，张学林．食品安全规制的博弈分析[J]．粮食科技与经济，2013（2）：9－11.

[225] 张霞．基于农户视角的耕地生态补偿意愿及额度测算[D]．西南大学硕士学位论文，2012.

[226] 张晓勇，李刚，张莉．中国消费者对食品安全的关切——对天津消费者的调查与分析[J]．中国农村观察，2004（1）：14－20.

[227] 张雄，张安录．湖北省城乡生态经济交错区农地价值测算[J]．中国土地科学，2009（8）：18－23.

[228] 张翼飞．居民对生态环境改善的支付意愿与受偿意愿差异分析——理论探讨与上海的实证[J]．西北人口，2008（4）：63－68.

[229] 张跃华，邬小撑．食品安全及其管制与养猪户微观行为——基于养猪户出售病死猪及疫情报告的问卷调查[J]．中国农村经济，2012（7）：72－83.

[230] 张云华，孔祥智，杨晓艳，罗丹．食品供给链中质量安全问题的博弈分析[J]．中国软科学，2004（11）：23－26.

[231] 章家清，周超．我国消费者对征收烟草消费税的支付意愿调查研究[J]．价格理论与实践，2012（2）：77－78.

[232] 赵军，杨凯，刘兰岚，陈婷．环境与生态系统服务价值的WTA与WTP不对称[J]．环境科学学报，2007（5）：854－860.

[233] 赵军．生态系统服务的条件价值评估：理论、方法与应用[D]．华东师范大学硕士学位论文，2005.

[234] 赵农，刘小鲁．进入管制与产品质量[J]．经济研究，2005（1）：67－76.

[235] 赵晓光．水质资源有偿使用的制度设计及受偿意愿研究[D]．中国环境科学研究院硕士学位论文，2011.

[236] 钟甫宁，丁玉莲．消费者对转基因食品的认知情况及潜在态度初探——南京市消费者的个案调查[J]．中国农村观察，2004（1）：22－27.

[237] 钟全林，彭世揆．生态公益林价值补偿意愿调查分析[J]．林业经济，2002（6）：43－46.

[238] 周德翼，杨海娟．食物质量安全管理中的信息不对称与政府监管

机制[J]. 中国农村经济，2002（6）：29－35，52.

［239］周华林，李雪松. Tobit 模型估计方法与应用[J]. 经济学动态，2012（5）：105－119.

［240］周洁红. 消费者对蔬菜安全的态度、认知和购买行为分析——基于浙江省城市和城镇消费者的调查统计[J]. 中国农村经济，2004（11）：44－52.

［241］周丽旋，彭晓春，关恩浩，张越南，黄思宇. 垃圾焚烧设施公众“邻避”态度调查与受偿意愿测算[J]. 生态经济，2012（12）：174－177.

［242］周应恒，霍丽玥，彭晓佳. 食品安全：消费者态度、购买意愿及信息的影响——对南京市超市消费者的调查分析[J]. 中国农村经济，2004（11）：53－59.

［243］周应恒，彭晓佳. 江苏省城市消费者对食品安全支付意愿的实证研究[J]. 经济学（季刊），2006（4）：1319－1342.

［244］周应恒，吴丽芬. 城市消费者对低碳农产品的支付意愿研究——以低碳猪肉为例[J]. 农业技术经济，2012（8）：4－12.

［245］周玉玺，岳书铭，刘光俊. 新农村建设中农民选择偏好与支付意愿调查研究——山东省东部地区的证据[J]. 山东农业大学学报（社会科学版），2012（2）：18－23.

后　记

食品安全涉及重大民生问题，对消费者行为的研究一直是食品安全领域重要的研究方向和研究热点。借助于消费者行为的理论和实证分析，可以为食品安全监管提供供给侧改革思路、评估食品安全治理的绩效，也有助于加强食品安全管理、推动企业生产决策优化，是服务政府监管、企业生产、消费治理的重要手段。与此同时，在食品安全领域的研究中，经常出现食品安全市场和政府“双失灵”的现实困境，提高监管效果和增强消费者满意度视乎不可兼得。

本书对食品安全方面的研究基于对消费行为的分析，特别是如何从消费者的角度创新监管政策是政策设计的重要考虑内容。声誉机制、资产专用性理论、计划理论已经很难有效解释近年来发生的几起重大食品安全事件，在维护消费者生命健康安全方向需要进一步的理论创新和政策设计。此外，不少实证研究较少关注消费者支付意愿和补偿意愿存在差距的现象，基于此，本书从前景理论出发，利用假设价值评估法设计了封闭式和开放式两套问卷，对北京市居民转基因大豆油消费行为做了比较分析，借助 Heckman 备择模型测算了消费者对转基因大豆油的支付意愿和补偿意愿，并探究了二者差距的影响因素和内在机理。

本书的写作和修改，得到了我的导师王志刚教授、朱勇老师等提出了细致的意见和建议。黄胜男、周永刚、孙云曼、刘涛、王辉杰、钱成济、杨胤轩、王辉耀、周宁馨和姚冰等师弟师妹参与了本书的调研和数据录入工作，他们牺牲假期和周末休息时间为本书的问卷调查提供了很多帮助。在此表示感谢！

本书研究获得了国家社科基金重大课题国家社会科学基金重大项目“供

应链视角下食品药品安全监管制度创新研究”（11&ZD052）、外交部亚洲区域合作资金项目“‘一带一路’”倡议下中国—东盟粮食产业合作机制研究（180005）、中央科研院所专项课题“新时期优质粮食产业供求与三链融合研究”（ZX1906）、2017年科技部重点研发计划课题“现代食品加工及粮食收储运技术与装备”（2017YFD0401400）、2017年科技部重点研发计划课题“粮情监测监管云平台关键技术研究及装备开发”（2017YFD0401000）、2015年粮食公益性科研专项课题“粮食产后损失浪费调查及评估技术研究”（201513004）的资助。

感谢我的妻子王楠女士给予的智慧、帮助、支持、鼓励和包容。

由于作者水平和能力所限，本书的研究还存在需要完善之处，诚恳希望得到各位专家同行和管理部门的批评指正。

李腾飞

2019年11月7日于北京